中稻测土配方施肥技术

全国农业技术推广服务中心　组织编写

中国农业出版社

图书在版编目（CIP）数据

中稻测土配方施肥技术/全国农业技术推广服务中心组织编写．—北京：中国农业出版社，2010.12
（测土配方施肥技术丛书）
ISBN 978-7-109-15129-1

Ⅰ.①中…　Ⅱ.①全…　Ⅲ.①中稻－土壤肥力－测定法②中稻－施肥－配方　Ⅳ.①S511.306

中国版本图书馆 CIP 数据核字（2010）第 212613 号

中国农业出版社出版
（北京市朝阳区农展馆北路 2 号）
（邮政编码 100125）
责任编辑　贺志清

中国农业出版社印刷厂印刷　　新华书店北京发行所发行
2011 年 6 月第 1 版　　2011 年 6 月北京第 1 次印刷

开本：787mm×1092mm　1/32　　印张：5.625　　插页：1
字数：118 千字　　印数：1～3 000 册
定价：13.00 元

《测土配方施肥技术丛书》编委会

本书编写人员

主　　编：殷广德　李刚华

副 主 编：徐　茂　丁艳峰

编写人员：殷广德　李刚华　徐　茂
丁艳峰　陈光亚　张炳宁
张月平　周蓉蓉　王绪奎
蒋建兴　潘国良　张　莹

前　言

2005年，国家启动实施了测土配方施肥补贴项目。六年来，中央财政累计投资49.5亿元，在全国2 498个项目县（单位、场）启动实施测土配方施肥项目。至2009年，全国测土配方施肥技术实施面积11亿亩以上。测土配方施肥已成为国家支持力度最大、覆盖面最广、参与单位最多的支农惠民行动。全国测土配方施肥项目坚持“试点启动、稳步扩展、全面普及”的发展思路，测土配方施肥技术由外延扩展到内涵提升，突出技术进村入户、配方肥推广到田，保证了项目顺利实施，取得了显著的经济、社会和生态效益。

从科学施肥技术层面上看，测土配方施肥包括测土、配方、配肥、供肥、施肥指导五个环节，包括野外调查、采样测试、田间试验、配方设计、校正实验、配肥加工、示范推广、宣传培训、数据库建设、效果评价和技术研发十一项工作，工作环节多，技术要求高，协作部门广，各级农业部门按照“统筹规划，分级负责，分步实施，整体推进”的原则，狠抓技术规范落实，建立推进工作机制，积极探索推广模式，稳步扩大应用面积。

从技术开发服务层面上看，测土配方施肥注重结合优势作物种植布局，围绕作物品种特性，从粮油大宗作物不断扩展到棉麻糖等经济作物，有的还拓展到果蔬茶花等园艺作物。测土配方施肥已成为全国粮棉油糖高产创建的主要技术手段，也已成为全国标准园田建设的核心技术措施，为我国的粮食安全和农产品有效供给奠定了坚实的技术基础。

为了深化测土配方施肥技术，提高科学施肥技术的到位率，从项目启动实施开始，全国农业技术推广服务中心即在注重耕地土壤肥力和肥料养分配比的基础上，围绕不同农作物的生育特性和需肥规律，开展了大量的肥效田间试验和示范，探索出了适合当前生产水平的农作物施肥技术，形成了小麦、水稻、玉米、大豆、棉花、油菜、花生等粮棉油糖农作物和蔬菜、水果、茶叶等经济作物的科学施肥技术模式，并组织全国30多个省级土肥站富有实践经验的专家及技术骨干编写了《测土配方施肥技术丛书》（以下简称《丛书》）。

《丛书》充分运用了最新的测土配方施肥技术成果，以农作物品种为主线，以作物生育期营养需求和不同区域土壤供肥规律为基础，形成不同农作物的施肥建议。

《丛书》共有20册，涉及小麦、水稻、玉米、大豆、棉花、油菜、花生、蔬菜、果树、马铃薯、烟草等作物。《丛书》介绍了不同作物的区域布局、作物营养特征、作物需肥特性、测土配方施肥方法，以及不同栽培条件下，不同肥料品种的施用时期、数量、方法等。特别是书后附有作物缺素症状图片，并在文中对相对敏感的营养元素的缺素症状进行了直观的描述，是对测土配方施肥技术的一个很好的补充和完善。

《丛书》突破了以往就肥料论肥料、就营养论营养的专业性施肥指导模式，立足在特定区域（土壤）围绕农作物品种研究科学、合理施肥，具有较强的针对性、专一性和可操作性，是基层农技人员进行科学施肥的必备参考书，也是种植大户和广大农民朋友掌握测土配方施肥技术的良好读本。

在《丛书》的编写过程中，我们前后两次组织全体编写人员及农业部测土配方施肥技术专家组成员参加审稿会，提出具体编写要求，认真审稿，保证了《丛书》内容的高质量。中国农业出版社对《丛书》的出版付出了辛勤劳动，专此致谢。

尽管我们谨笔慎墨，疏漏和差错仍在所难免，希望广大读者多提宝贵意见，以臻完善。

编　者

2010 年 10 月

目录

第一章 概 述

无论是籼稻或粳稻都有早、中、晚之分，这是在一定自然条件和栽培条件下按生育期长短划分的。早稻从播种到成熟的全生育期在 125 天以内，一般在双季稻区。中稻的全生育期约为 125～150 天。一季晚稻的全生育期约为 150 天以上。

从植物特征和杂交关系看，早、中、晚稻之间很少有差异，根本区别在于光照反应特性的不同。晚稻对短日照很敏感，严格要求在短日照条件下完成光周期诱导（或通过光照阶段），在每日 13 小时以上的长日照条件下，生育期即延长，甚至不能抽穗成熟。早稻在完成光周期诱导时对日照长短没有严格要求，对短日照钝感或无感。中稻对光照的反应也较弱。

一、我国中稻分布的主要区域

我国稻作区域辽阔，南自热带区北纬 18°9′的海南崖县南端，北至温带北部北纬 53°20′的黑龙江漠河；低自江苏里下河的潮田，高到云南丽江 2 700 米以上的粳稻区都有水稻种植。纬度和海拔的巨大跨度也决定了我国水稻生产品种、熟制的多样性。如我国的广东、海南以双季或三季稻为主，

注：亩为非法定计量单位，为方便农民朋友阅读，本书仍使用亩作为面积的单位，1 亩＝1/15 公顷≈667 米^2。

基本没有中稻种植，湖南、江西等不少长江以南地区有一季稻和两季稻混种。

我国中稻分布呈现明显的区域性，除广东、海南以及青海三省没有中稻种植外，其余省（自治区、直辖市）均有中稻种植。中稻种植分布密集的地区主要是长江流域和辽宁省的辽东半岛，这些地区不仅中稻的播种面积大，播种面积所占耕地面积的比例、总产量都比较高，是我国中稻生产的主要区域（图 1-1）。

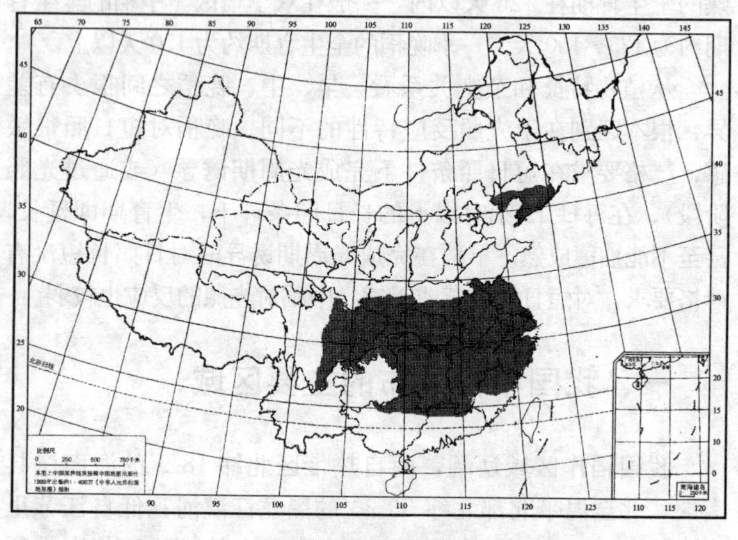

图 1-1 我国中稻生产的主要区域

长江流域主要指位于淮河、秦岭以南，南岭以北的大部分区域，包括江苏、安徽省的中、南部，河南、陕西省的南缘，四川省东半部，浙江、湖南、湖北、江西诸省及上海市的全部，广东省和广西壮族自治区北部，福建省的中、北部。本区稻田约占中国稻田面积的 65.5%，稻谷产量约占中国稻谷总产的66%，均居全国首位。

辽宁省的辽东半岛是东北稻区的主要组成部分，因其地处暖温带，也适宜中稻的种植。

（一）我国中稻各产区的种植面积

我国中稻种植主要集中在长江流域和东北三省。其中长江流域的四川、江苏、安徽、湖北、湖南、重庆、江西和上海等省（直辖市）的中稻种植面积近900万公顷，占全国中稻总面积的60%以上。四川面积最大，达200万公顷，其次为江苏，常年为180万公顷左右，安徽146万公顷，湖北113万公顷，湖南83万公顷，重庆75万公顷，江西48万公顷，上海10万公顷。东北三省的中稻种植面积259万公顷，占全国中稻总面积的25%。其中黑龙江129万公顷，吉林54.1万公顷，辽宁50万公顷。西北种植面积较小，青海没有中稻的种植，新疆、甘肃、宁夏、西藏也只有零星种植。其中新疆6万公顷，甘肃5万公顷，宁夏47万公顷，西藏1万公顷。华北的北京、山西、天津、内蒙古、河北种植面积也很小，北京不到2万公顷，山西3万公顷，内蒙古7万公顷，天津7万公顷，河北7.6万公顷。而西南的广西、云南和贵州种植面积也比较大，广西13万公顷，云南96万公顷，贵州72万公顷。华东除长江流域几个省（直辖市）种植面积较大外，福建有41万公顷，浙江有27万公顷，山东有11万公顷。华南的广东和海南主要是双季稻或是三季稻，中稻基本没有种植。

（二）我国中稻产量水平

我国中稻总产较高的省份主要分布在长江流域和东北三

省。其中长江流域的四川、江苏、安徽、湖北、湖南、重庆、江西和上海等省（直辖市）的中稻产量近 6 500 万吨，占全国中稻总产量的 65%。四川总产最高，达 1 470 万吨，其次为江苏，常年为 1 400 万吨左右，湖北 940 万吨，安徽 723 万吨，湖南 638 万吨，重庆 496 万吨，江西 278 万吨，上海 77 万吨。东北三省的中稻年总产量 1 500 万吨左右，占全国中稻总产量的 23%，其中黑龙江 842 万吨，吉林 318 万吨，辽宁 351 万吨。西北种植面积较小，总产也低。青海没有中稻的种植，西藏只有 0.6 万吨，甘肃 3.6 万吨，新疆 50.7 万吨，宁夏 37 万吨。华北的内蒙古 45 万吨，北京 1 万吨，山西 1.2 万吨，天津 6 万吨，河北 41 万吨。西南的广西、云南和贵州种植面积比较大，总产也比较高。云南年总产量 586 万吨，贵州 459 万吨，广西 71 万吨。另外，山东有 78 万吨，福建 228 万吨。

我国的山西、河南、安徽、陕西和河北等省的中稻单产最低，在 230～370 千克/亩之间。西藏、吉林、江西、广西、福建的中稻单产在 370～430 千克/亩之间。四川、辽宁、浙江、山东、内蒙古、重庆和黑龙江的中稻单产在 430～500 千克/亩之间。新疆、宁夏、天津和甘肃种植面积较小，但中稻的单产也超过了 500 千克/亩。种植面积较大的省份单产以湖北、湖南、上海和江苏较高，超过 500 千克/亩。总的来看，中稻分布密度和产量都是以长江流域较高。近年来江苏、湖南等长江流域省份有连片 800 千克/亩的中稻产量出现。科技贡献在超高产生产中起了关键作用。大量超高产品种的选育为中稻产量超 800 千克/亩起到了基础性作用。而栽培技术的创新，特别是近年来水稻精确定量栽培技术的大量应用在超高产生产中发挥了重要作用，这也是不可替代的。

二、我国中稻主要分布区的气候与土壤

（一）我国中稻主要分布区的气候

我国幅员辽阔，最北的漠河位于北纬53°以北，属寒温带，最南的南沙群岛位于北纬3°，属赤道气候，而且高山深谷、丘陵盆地众多，青藏高原4 500米以上的地区四季常冬，南海诸岛终年皆夏，云南中部四季如春，其余绝大部分四季分明。我国的中稻生产则主要分布在亚热带的长江流域及暖温带的辽东半岛。

长江流域属中亚热带和北亚热带湿润季风气候，温暖湿润，四季分明。年平均气温16～26℃，稻作期间日平均气温21～25℃，日较差6～10℃，大于10℃积温4 500～6 500℃，由南而北递减，东西差异不大；四川盆地南部积温稍多于同纬度的长江中下游地区；丘陵山地海拔每升高100米，积温减少100℃左右。稻作生长季为200～260天，丘陵山地短于同纬度平原。稻作期间日照总时数900～1 600小时，以四川盆地最少，日照百分率30%～50%，北多南少，沿海又少于内陆。稻作期的光合辐射总量126～201千焦/厘米^2，沿海与山地丘陵，因云雨较多，总辐射量偏少。年降水量1 500毫米左右，稻作生长季节总降水量为750～1 300毫米，北少南多，差异较大。种植制度为单季稻、双季稻的过渡地带。北部沿淮和鄂北一带为单季稻区：中部的苏南、浙北平原、皖中平原、鄂中丘陵平原、汉中盆地及四川部分盆地为双季稻与单季稻混栽地区：再向南移，双季稻面积显著增多。丘陵山区的种植制度，因地域和海拔不同而

有差异。中部的浙北、皖南海拔在300米以下，南部福建在500米以下，一般都可种双季稻。品种以籼稻占多数，杂交籼稻占有很大比重。太湖平原的单季稻和双季晚稻采用粳稻，植被为亚热带常绿阔叶林。本区由于气候的不稳定性，水、旱、风、雹及高、低温等多有发生。同时，病虫害种类多，常在生产上造成损失。

辽东半岛在地貌上属于低山丘陵，半岛因伸入海洋，受海洋影响较大，气候温暖湿润，属暖温带季风气候。其特征是夏季温热多雨，受海洋调剂，很少出现酷热天气，夏季极端最高气温很少超过35℃。年均温8～10℃，最热月均温24～25℃，最冷月－10～－5℃，无霜期160～215天，年降水量550～900毫米，60%集中在夏季。阳光辐射年总量在418.6～837.2焦/厘米^{2}之间，年日照时数2 100～2 600小时。春季大部地区日照不足，夏季前期不足，后期偏多，秋季大部地区偏多，冬季光照明显不足。种植制度以一季中粳为主。植被为暖温带落叶阔叶林和针阔叶混交林。

（二）我国中稻主要分布区的土壤类型及主要矿质营养

1. 我国中稻分布区土壤类型 我国土壤资源丰富、类型繁多，世界罕见。我国主要土壤发生类型可概括为红壤、棕壤、褐土、黑土、栗钙土、漠土、潮土（包括砂姜黑土）、灌淤土、水稻土、湿土（草甸、沼泽土）、盐碱土、岩性土和高山土等系列。而主要的中稻种植区则以红壤、黄壤、黄棕壤和棕壤为主。

长江以南的大部分地区以及四川盆地周围的山地以红壤和黄壤为主。其中江西、湖南两省的大部分，湖北的东南部，广东、福建的北部是红壤的主要分布区。四川东部、重庆、贵州等地则是黄壤的主要分布区，其他地区则呈红、黄壤相间的分布。

红壤为发育于热带和亚热带雨林、季雨林或常绿阔叶林植被下的土壤。其主要特征是缺乏碱金属和碱土金属，如富含铁呈酸性红色。红壤在中亚热带湿热气候常绿阔叶林植被条件下，发生脱硅富铝过程和生物富集作用，发育成红色、铁铝聚集、酸性、盐基高度不饱和的铁铝土。此类土壤有机质来源丰富，但分解快，流失多，故土壤中腐殖质少，土性较黏，因淋溶作用较强，故钾、钠、钙、镁积存少，硼、钼也很贫乏。丘陵红壤一般氮、磷、钾的供应不足。

红壤改良措施包括植树造林、平整土地、客土掺砂、加强水利建设、增加红壤有机质含量、科学施肥、施用石灰、采用合理的种植制度等。可以增施氮、磷、钾等矿质肥料，氮肥宜用粒状或球状深施，磷肥宜与有机肥混合制成颗粒肥施用；施用石灰降低红壤酸性；合理耕作；选种适当的作物、林木，种植绿肥是改良红壤的关键措施；旱地改水田，减少水土流失并有利于有机质积累，提高红壤生产力；保护植被，防治侵蚀，凡坡度大于 25°的陡坡应以种树、种草为主，小于 25°的坡地根据陡缓状况修建宽窄不等的等高梯地或梯田种植。防止红壤冲刷等措施提高红壤肥力。针对红壤有机质含量很低的情况，可种植绿肥，以提高红壤的有机质含量和氮素肥力。红壤速效磷普遍缺乏，增施磷肥，并提高其利用率是一项重要的农业增产措施。红壤施用石灰，一般均能收到良好的效果。

黄壤是亚热带湿润气候条件下形成的富含水合氧化铁（针铁矿）的黄色土壤，与红壤分布于同一气候类型区，但其分布区年均温稍低而年雨量稍高。黄壤的土壤富铝化程度低于红壤，而酸度通常略大于红壤。正常发育的黄壤，腐殖质含量较高。

北起秦岭、淮河，南到大巴山和长江，西自青藏高原东南边缘，东至长江下游地带的亚热带北缘地区，如江苏、安徽、浙江北部的丘陵、阶地等排水条件较好的地区土壤类型主要为黄棕壤。黄棕壤为发育于亚热带常绿阔叶与落叶阔叶混交林下的土壤。其主要特征是，剖面中有棕色或红棕色的含黏粒量较多的黏化层。既具有黄壤与红壤富铝化作用的特点，又具有棕壤黏化作用的特点。呈弱酸性反应，自然肥力比较高。

辽东半岛的土壤类型主要为棕壤。棕壤是暖温带落叶阔叶林和针阔混交林下形成的土壤。

此类土壤中的黏化作用强烈，还产生较明显的淋溶作用，使钾、钠、钙、镁都被淋失，黏粒向下淀积。土层较厚，质地比较黏重，表层有机质含量较高，呈微酸性反应。

2. 我国中稻分布区主要矿质营养元素分布 辽东半岛大部分土壤磷含量丰富，属于长白山余脉的丘陵、山地土壤磷含量在 730 微克/克以上，半岛西海岸的平原地带磷含量相对较低。而长江流域磷的分布比较分散，含量最高的地区在安徽、湖北两省交界地带的两侧，陕西南部、河南西部、湖北北部以及安徽、浙江交界地带的两侧，也有丰富的磷资源分布，其他地区的磷资源比较贫乏，江苏、安徽、浙江、江西的大部分地区，土壤磷含量都在 350 微克/克以下，此类地区的植物栽培中磷的补充是重要的工作。

辽东半岛的大部分地区土壤钾含量丰富，只有大连金州区境内的部分地区含量较低。长江流域的浙江、福建大部，安徽、江西的东南部土壤含钾量相对较高，而其余省份相对比较贫乏，其中安徽的东北部、江苏大部土壤钾含量少，主要靠有机肥和化学钾肥来供应作物的钾素需求。

三、我国中稻的主要品种

我国中稻分布广，地区跨度大，因而品种繁多。

辽东半岛以一季中粳为主，主要品种有：辽星 1 号、辽粳 294、辽粳 9、丹粳 9、中辽 9052、沈农 265、港源 8、庄育 3、铁粳 7、盐粳 68、富禾 5、千重浪 2 号、辽优 5218、辽优 2006、高优 35 等。

长江流域的安徽、湖南、湖北、四川、重庆、浙江、上海、江西以及陕西与河南南部以中籼稻为主，江苏以中粳为主。各省的主要种植品种参见表 1-1。

表 1-1 长江流域主要中稻种植区的主栽品种

省（直辖市）	主栽中稻品种
河南	特糯 2072，特优 2035，豫籼 9 号，银籼 2024，信阳 234，丰抗 38，信优 2405 等
陕西	宜香 2292，宜香 79，宜香优 1979，宜香 725，宜香 10 号，宜香 527，丰优香占，丰优 28，协优 527，8 优 827，川江优 3 号，内香优 3 号，0 优 2 号，德龙 2000，绵阳优 725，国丰 1 号，神农稻 6 号，中优 177，中优 7 号，金优 11，特优米 3 号，特优米 1 号，特优米 2 号，丰优香王，云香粳，黄华占
江苏	徐稻 3 号，徐稻 4 号，武粳 15，宁粳 1 号，武育粳 3 号，扬辐粳 8 号，宁粳 3 号，南粳 44，淮稻 9 号，常优 1 号
上海	宁粳 1 号，嘉花 1 号，银香 18，南粳 42
浙江	浙粳 22、中浙优 1 号，两优培九，中浙优 8 号，钱优 1，协优 954，协优 9308

（续）

省（直辖市）	主栽中稻品种
安徽	丰两优 1 号，两优 6326，新两优 6 号，淮两优 3 号，丰两优 4 号，扬两优 6 号，皖稻 89，丰优 293，皖稻 161，丰优 126，皖稻 153，两优培九，天协 6 号，D 优 527，丰两优 3 号，Ⅱ优明 86，国丰 1 号，Ⅱ优 7954，两优华 6，辐优 827，协优 009，皖稻 103，农丰 1 号，新隆优 1 号，川香优 2 号，丰两优香 1 号，新两优香 4，两优 100
湖北	两优培九，扬两优 6 号，宜香 1577，红莲优 6 号，D 优 3232，丰两优 1 号，Ⅱ优 084，绵 2 优 838，福优 58
湖南	两优培九、两优 0293、准两优 527、湘华优 7 号、Ⅱ优 93、Ⅱ优 58、陆两优 106、Ⅱ优 416、Y 两优 1 号
四川	Ⅱ优 725，宜香 1577，Ⅱ优 7 号，D 优 527，Ⅱ优 7 号，Ⅱ优 602，两优培九
重庆	Q 优 1 号，Q 优 2 号，宜香 9303，福优 58，Ⅱ优 21（富优 1 号），D 优 527
江西	皖稻 153，两优培九，扬两优 6 号，赣晚籼 30 号，中优 402，金优 974，金优 402
福建	汕优 63，Ⅱ优航 1 号，Ⅱ优明 86

第二章　中稻主产区土壤养分状况

水稻土是在人为淹水种稻过程中，导致一系列物理、化学、生物作用形成的土壤。它发育于各种母土，随着水稻土发育过程的进行，各种母土原有性状逐渐消失，而遵循着共同的发育方向。在良好的耕种条件下，同母土发育的水稻土均向着具有代表性的潴育型水稻土方向发育。在全国第二次土壤普查期间我国水稻土基本上按土类、亚类、土属和土种四级分类系统进行命名。水稻土亚类主要有淹育型、渗育型、潴育型、潜育型、脱潜型和漂洗型等。

一、中稻主产区土壤理化性状测试方法

2005 年起全国各地陆续启动测土配方施肥补贴项目，粮食主产区首先开展了测土配方施肥工作。按照农业部《测土配方施肥技术规范》要求，中稻主产区在项目实施区域内统筹安排，科学确定采样点采集土样。样点布置遵循均匀性、代表性和连续性三原则。均匀性，即所有样点在辖区内尽可能分布均匀；代表性，即样点要代表不同类型、不同种植制度、不同肥力水平的土壤；连续性，即样点尽可能靠近全国第二次土壤普查时的采样点。根据土壤类型、耕作制度、产量水平、土地利用现状等因素，将采样区域划分为若

干个采样单元。方法上：一是利用土壤图、土地利用现状图、行政区划图三图叠加，在室内确定采样单元并形成采样点位图，每个采样单元的土壤性状尽可能保持一致，平均每个采样单元代表面积100～200亩。二是在秋播没有施用肥料前采样，采样深度0～20厘米。一般选择采样单元中心附近的典型地块作为采样地块，其面积1～10亩。采用GPS定位，记录经纬度，精确到0.1″。三是在采土单元采用S形布点采样，降低耕作、施肥等所造成的误差。在地形较小、地力较均匀、采样单元面积较小的情况下，也可采用梅花形布点取样，一般7～20个点为宜。采土时避开路边、田埂、沟边、肥堆等特殊部位。在采集土样的同时，调查采样地块及其户主施肥情况、土壤立地条件和其他相关情况，建立农户测土档案，实行跟踪服务，掌握项目区基本农田土壤立地条件与施肥管理水平。按照规范方法采集后的土壤样品经预处理，按照统一规定的检测方法检测。检测项目有：土壤pH，有机质，全氮或碱解氮，有效磷，速效钾，缓效钾，有效态铜、锌、铁、锰、硼、钼、硅、钙、镁、硫，容重和阳离子交换量（20%的样品）等。土壤pH采用土液比1∶2.5，电位法测定，有机质测定采用油浴加热重铬酸钾氧化容量法，全氮测定采用凯氏蒸馏法，有效磷测定采用碳酸氢钠或氟化铵—盐酸浸提—钼锑抗比色法，全磷测定采用氢氧化钠熔融—钼锑抗比色法，全钾测定采用氢氧化钠熔融—火焰光度计或原子吸收分光光度计法，缓效钾测定采用硝酸提取—火焰光度计或原子吸收分光光度计法，速效钾测定采用乙酸铵浸提—火焰光度计或原子吸收分光光度计法，有效硫测定采用磷酸盐—乙酸或氯化钙浸提—硫酸钡比浊法，土壤有效铜、锌、铁、锰测定采用DTPA浸提—原子吸收分光光度法，有效硼测定采用沸水浸提—甲亚胺-H比色法或姜黄素比色法。

二、江苏省中稻主产区土壤理化性状

江苏是全国中稻主产区之一，基本实现粳稻化。全省分为太湖、沿江、里下河、沿海、丘陵、徐淮六大农区。2005—2009年全省通过开展测土配方施肥，采集了耕层土样46.4万个，基本掌握了中稻主产区土壤理化性状与变化特点。

（一）土壤理化性状

2005—2009年江苏省土壤理化性状如表2-1。

表2-1　2005—2009年江苏省土壤理化性状

名　　称	极大值	极小值	平均值	标准差	变异系数
pH	9.5	3.8	7.24	0.95	0.13
有机质（克/千克）	50	1	20.14	7.82	0.39
全氮（克/千克）	3	0.1	1.21	0.49	0.41
全磷（克/千克）	2.93	0.1	0.77	0.29	0.37
有效磷（毫克/千克）	197	0.1	15.19	10.12	0.67
全钾（克/千克）	41.4	0.3	18.32	9.45	0.52
缓效钾（毫克/千克）	1 500	100	629.14	231.81	0.37
速效钾（毫克/千克）	500	20	110.98	57.10	0.51
有效铁（毫克/千克）	599.2	0.1	66.62	78.49	1.18
有效锰（毫克/千克）	250	0.1	29.39	31.59	1.07
有效铜（毫克/千克）	40	0.01	5.25	6.63	1.26

（续）

名　　称	极大值	极小值	平均值	标准差	变异系数
有效锌（毫克/千克）	19.98	0.01	1.26	1.40	1.11
水溶态硼（毫克/千克）	2.96	0.01	0.40	0.23	0.57
有效钼（毫克/千克）	0.99	0.01	0.13	0.07	0.57
有效硫（毫克/千克）	300	0.1	45.81	30.19	0.66
有效硅（毫克/千克）	395.2	12.31	175.28	75.60	0.43

1. 土壤 pH　从表 2-2 可看出，全省土壤 pH 平均为 7.24，变幅为 3.8～9.5，宁镇扬丘陵农区和太湖农区平均值均低于 7.0，分别为 6.26 和 6.56，为酸性土壤，其他地区平均值均高于 7.0，以沿海农区最高，达 7.67，徐淮农区次之，为 7.54。全省土壤 pH 频率分布情况：5.5～6.5 的占 22.10%，6.5～7.5 的占 23.13%，7.5～8.5 的占 48.13%。

表 2-2　江苏省土壤 pH 状况统计

区　　域	平均值	标准差	变异系数
全　　省	7.24	0.95	0.13
徐淮农区	7.54	0.90	0.12
里下河农区	7.46	0.56	0.07
沿海农区	7.67	0.74	0.10
沿江农区	7.45	0.83	0.11
宁镇扬丘陵农区	6.26	0.75	0.12
太湖农区	6.56	0.79	0.12

2. 土壤有机质　全省土壤有机质含量平均为 20.14 克/千克（表 2-3）。不同农区中，以里下河农区最高，达

26.14 克/千克；太湖农区次之，为 25.34 克/千克；沿海农区最低，仅为 17.03 克/千克。分级统计结果表明，<6 克/千克占 3.96%，6～10 克/千克占 2.46%，10～20 克/千克占 47.07%，20～30 克/千克占 35.45%，30～40 克/千克占 9.94%，40～60 克/千克占 1.12%。

表 2-3 江苏省 2005—2009 年土壤有机质含量统计

区 域	平均值（克/千克）	标准差	变异系数
全 省	20.14	7.82	0.39
徐淮农区	18.88	8.76	0.46
里下河农区	26.14	7.34	0.28
沿海农区	17.03	5.24	0.31
沿江农区	19.35	6.36	0.33
宁镇扬丘陵农区	21.01	5.86	0.28
太湖农区	25.34	8.61	0.34

3. 土壤全氮 全省土壤全氮平均含量 1.21 克/千克，标准差为 0.49，变异系数 0.41（表 2-4）。从土壤全氮含量平均值来看，太湖农区最高，达 1.62 克/千克；其次为里下河农区，达 1.44 克/千克；再次为宁镇扬低山丘陵农区、沿江农区和徐淮农区；沿海农区最低，仅为 1.08 克/千克。

表 2-4 江苏省 2005—2009 年土壤全氮含量状况

区 域	平均值（克/千克）	标准差	变异系数
全省	1.21	0.49	0.41
徐淮农区	1.09	0.61	0.56
里下河农区	1.44	0.41	0.28
沿海农区	1.08	0.36	0.33

（续）

区　域	平均值（克/千克）	标准差	变异系数
沿江农区	1.21	0.32	0.26
宁镇扬丘陵农区	1.23	0.32	0.26
太湖农区	1.62	0.53	0.33

从土壤全氮分级来看，<0.5 克/千克的样品占总样品数的 0.08%，0.5～1 克/千克的样品占总样品数的 21.41%，1～1.5 克/千克的样品占总样品数的 47.02%，1.5～2 克/千克的样品占总样品数的 21.41%，2～2.5 克/千克的样品占总样品数的 4.65%，2.5～3 克/千克的样品占总样品数的 0.94%，无>3 克/千克的样品。

4. 土壤磷素　全省土壤全磷含量平均值为 0.77 克/千克（表 2-5），标准差为 0.29，变异系数为 0.37。其中，以太湖农区为最高，达 1.04 克/千克；其次为里下河和沿江农区，为 0.83 克/千克，再次为徐淮农区，为 0.81 克/千克；沿海农区与全省平均水平相近，宁镇扬丘陵农区最低，为 0.57 克/千克。土壤有效磷平均值为 15.19m 克/千克（表 2-6）。其中，里下河农区最高达，达 18.06 毫克/千克；其次为徐淮与太湖农区，分别为 16.50 毫克/千克和 15.63 毫克/千克；再次为沿江和沿海农区，分别为 14.12 毫克/千克和 13.97 毫克/千克；宁镇扬丘陵农区最低，为 12.02 毫克/千克。全省土壤有效磷含量分布最集中的区域在 10～20 毫克/千克之间，占样点数的 46.14%。<5 毫克/千克的样品所占比例为 5.00%，5～10 毫克/千克占 28.18%；20～30 毫克/千克占 13.87%；30～40 毫克/千克占 4.09%；40～50 毫克/千克占 1.52%；>50 毫克/千克占 1.19%。

表 2-5　江苏省土壤全磷含量统计

区　域	平均值（克/千克）	标准差	变异系数
全　省	0.77	0.29	0.37
徐淮农区	0.81	0.25	0.30
里下河农区	0.83	0.19	0.23
沿海农区	0.79	0.10	0.13
沿江农区	0.83	0.12	0.15
宁镇扬丘陵农区	0.57	0.32	0.57
太湖农区	1.04	0.36	0.34

表 2-6　江苏省土壤有效磷含量统计

区　域	样品数（个）	平均值（毫克/千克）	标准差	变异系数
全　省	257 454	15.19	10.12	0.67
徐淮农区	78 022	16.50	9.64	0.58
里下河农区	24 504	18.06	11.75	0.65
沿海农区	57 821	13.97	8.84	0.63
沿江农区	20 065	14.12	8.00	0.57
宁镇扬丘陵农区	44 965	12.02	7.86	0.65
太湖农区	21 089	15.63	13.74	0.88

5. 土壤钾素　全省土壤全钾含量平均值为 18.32 克/千克（表 2-7）。从不同农区情况来看，以沿海农区为最高，达 29.33 克/千克；里下河农区次之，达 20.78 克/千克；沿江与徐淮农区相近，分别为 16.17 克/千克和 16.13 克/千克；宁镇扬丘陵农区最低，仅为 9.18 克/千克。土壤全钾含量主要分布在 5～20 克/千克之间，其中 5～10 克/千克的占

16.65%，10～15 克/千克的占 19.28%，15～20 克/千克的占 25.28%，>30 克/千克的占 18.21%。其他含量范围样品的比重较小。

表 2-7　江苏省土壤全钾含量统计

区　　域	平均值（克/千克）	标准差	变异系数
全　　省	18.32	9.45	0.52
徐淮农区	16.13	3.23	0.20
里下河农区	20.78	3.67	0.18
沿海农区	29.33	6.85	0.23
沿江农区	16.17	1.26	0.08
宁镇扬丘陵农区	9.18	4.16	0.45
太湖农区	20.10	5.08	0.25

表 2-8　江苏省土壤缓效钾含量统计

区　　域	平均值（毫克/千克）	标准差	变异系数
全　　省	629.14	231.81	0.37
徐淮农区	660.36	173.51	0.26
里下河农区	741.68	192.45	0.26
沿海农区	748.54	220.57	0.29
宁镇扬丘陵农区	404.73	197.44	0.49
太湖农区	408.76	127.80	0.31

全省土壤缓效钾含量平均值为 629.14 毫克/千克（表 2-8）。从各农区缓效钾含量平均值来看，以沿海和里下河农区含量为高，分别达到 748.54 毫克/千克和 741.68 毫克/千克，徐淮农区的缓效钾含量处于中等偏上水平，略高于全

省平均值，而太湖农区和宁镇扬丘陵农区含量较低，分别为408.76毫克/千克和404.73毫克/千克。从缓效钾含量分级情况来看，>400毫克/千克占84.43%，其他范围的样品比重较小。

全省土壤速效钾含量平均值为110.98毫克/千克（表2-9）。从各农区情况来看：以沿海农区最高，达126.49毫克/千克；里下河农区次之，达124.87毫克/千克；徐淮农区处于中等水平，为115.03毫克/千克；沿江农区、太湖农区和宁镇扬丘陵农区含量均低于全省平均值，沿江农区最低，仅有79.20毫克/千克。从全省土壤速效钾含量分级情况来看，介于50～100毫克/千克的比重最大，占46.94%，100～150毫克/千克的比重次之，占28.04%，150～200毫克/千克的比重达11.91%，200～250毫克/千克的比重仅有3.88%，大于250毫克/千克的比重极少，仅占2.77%。

表2-9　江苏省土壤速效钾含量统计

区　域	极大值（毫克/千克）	极小值（毫克/千克）	平均值（毫克/千克）	标准差	变异系数
全　省	500	20	110.98	57.10	0.51
徐淮农区	490	20	115.03	52.16	0.45
里下河农区	480	21	124.87	43.51	0.35
沿海农区	500	21	126.49	74.07	0.59
沿江农区	297	20	79.20	28.75	0.36
宁镇扬丘陵农区	397	20	90.37	35.19	0.39
太湖农区	471	20	83.87	36.45	0.43

6. 中、微量元素

①全省土壤有效铁含量平均值66.62毫克/千克（表2-

10）。从各农区来看，有南高北低分布的趋势。以太湖农区最高，达 220.12 毫克/千克；宁镇扬丘陵农区次之，达 114.11 毫克/千克；沿江农区位居第三，达 85.23 毫克/千克；徐淮农区位居第四，为 43.28 毫克/千克；里下河农区位居第五，为 32.66 毫克/千克，沿海农区含量最低，为 19.29 毫克/千克。

②全省土壤有效锰含量平均值为 29.39 毫克/千克。从不同农区来看，依次为：太湖农区（61.26 毫克/千克）＞宁镇扬丘陵农区（36.39 毫克/千克）＞沿海农区（35.55 毫克/千克）＞沿江农区（28.74 毫克/千克）＞徐淮农区（21.99 毫克/千克）＞里下河农区（15.26 毫克/千克）。

③全省土壤有效铜含量平均值 5.25 毫克/千克。从不同农区来看，依次为：里下河农区（19.41 毫克/千克）＞太湖农区（6.02 毫克/千克）＞宁镇扬丘陵农区（3.73 毫克/千克）＞沿江农区（3.5 毫克/千克）＞徐淮农区（3.1 毫克/千克）＞沿海农区（2.63 毫克/千克）。

④全省土壤有效锌含量平均值为 1.26 毫克/千克。从不同农区分布来看，依次为太湖农区（4.24 毫克/千克）＞宁镇扬丘陵农区（1.18 毫克/千克）＞沿江农区（1.15 毫克/千克）＞沿海农区、徐淮农区（1.01 毫克/千克）＞里下河农区（0.87 毫克/千克）。

⑤全省土壤有效硼含量平均值为 0.40 毫克/千克。从农区分布来看，依次为沿江农区（1.09 毫克/千克）＞沿海农区（0.48 毫克/千克）＞徐淮农区（0.41 毫克/千克）＞宁镇扬丘陵农区（0.34 毫克/千克）＞里下河农区（0.25 毫克/千克）。

⑥全省土壤有效钼含量平均值为 0.13 毫克/千克，农区

分布来看，依次为沿江农区（0.18 毫克/千克）＞徐淮农区、宁镇扬丘陵农区（0.13 毫克/千克）＞太湖农区（0.10 毫克/千克）。

⑦全省土壤有效硫含量平均值为 45.81 毫克/千克，农区分布来看，依次为沿江农区（215.64 毫克/千克）＞太湖农区（89.59 毫克/千克）＞徐淮农区（57.52 毫克/千克）＞宁镇扬丘陵农区（54.08 毫克/千克）＞里下河农区（46.49 毫克/千克）＞沿海农区（13.74 毫克/千克）。

⑧全省土壤有效硅含量平均值为 175.28 毫克/千克，农区分布来看，依次为里下河农区（207.59 毫克/千克）＞沿江农区（204.82 毫克/千克）＞宁镇扬丘陵农区（114.17 毫克/千克）＞太湖农区（126.20 毫克/千克）。

表 2-10　江苏省土壤有效中、微量元素含量统计结果

项　目	有效硫（毫克/千克）	有效硼（毫克/千克）	有效铁（毫克/千克）	有效锌（毫克/千克）	有效锰（毫克/千克）	有效钼（毫克/千克）	有效硅（毫克/千克）	有效铜（毫克/千克）
样品数	47 189	96 469	92 923	128 232	102 141	25 887	19 372	103 912
平均值	45.81	0.40	66.62	1.26	29.39	0.13	175.28	5.25
标准差	30.19	0.23	78.49	1.40	31.59	0.07	75.60	6.63
变异系数	0.66	0.57	1.18	1.11	1.07	0.57	0.43	1.26

（二）全省土壤理化性状变化特点

从表 2-11 可以看出，与第二次土壤普查结果相比，除土壤速效钾含量略有下降外，其他养分含量均有上升，其中，土壤有效磷升幅最大，达 15.19 毫克/千克，提高了 9.69 毫克/千克，增幅达 176.2%；其次为土壤有效锌含量，达 1.26 毫克/千克，提高了 0.66 毫克/千克，增幅达

110%；再次为土壤有效铜含量，达 5.25 毫克/千克，提高了 2.7 毫克/千克，增幅达 105.9%。

表 2-11　全省土壤理化性状变化状况统计表

项　目	含　量		2005—2009 年比第二次土壤普查	
	第二次土壤普查	2005—2009 年	±	%
有机质（克/千克）	16.77	20.14	3.37	20.1
全氮（克/千克）	1.08	1.23	0.15	13.9
全磷（克/千克）	0.52	0.77	0.25	48.1
有效磷（毫克/千克）	5.5	15.19	9.69	176.2
全钾（克/千克）	16.57	18.32	1.75	10.6
缓效钾（毫克/千克）	596	629	33	5.5
速效钾（毫克/千克）	118	111	−7	−5.9
水溶态硼（毫克/千克）	0.3	0.4	0.1	33.3
有效锰（毫克/千克）	22	29.39	7.39	33.6
有效铜（毫克/千克）	2.55	5.25	2.7	105.9
有效锌（毫克/千克）	0.6	1.26	0.66	110.0
有效钼（毫克/千克）	0.1	0.13	0.03	30.0

第三章　主要中稻品种的需肥特性

民以食为天。粮食作物中水稻具有举足轻重的地位，水稻种植过程中选用合适的水稻品种对于高产、优质具有重要的作用。我国地域辽阔，品种繁多，仅长江流域水稻主栽品种就有上百种。了解每种类型水稻品种的需肥特性，对于每个地区品种的选择及大田管理都有一定的指导作用。

中稻是指生育期介于早稻和晚稻之间，生长期 125～150 天，一般在早秋季节成熟。多数中粳品种具有中等的感光性，播种至抽穗日数因地区和播期不同而变化较大，遇短日高温天气，生育期缩短。中籼稻品种的感光性比中粳稻弱，播种至抽穗日数变化较小而相对稳定，因而品种的适应范围较广，可在亚热带和热带地区之间相互引种，如华南稻区的迟熟早籼引至长江流域稻区可以作中稻种植。

我国中稻种植主要集中在长江流域和东北三省。其中长江流域的四川、江苏、安徽、湖北、湖南、重庆、江西和上海等省（直辖市）的中稻种植面积近 900 万公顷，占全国中稻总面积的 60％以上。四川面积最大，达 200 万公顷，其次为江苏，常年为 180 万公顷左右，安徽 146 万公顷，湖北 113 万公顷，湖南 83 万公顷，重庆 75 万公顷，江西 48 万公顷，上海 10 万公顷。下面我们从 2005 年农业部公布的地方主栽品种的角度，介绍中稻品种的需肥特性。

一、长江流域主要中稻品种

现在长江流域主栽品种多为2001—2004年国家审定通过的水稻品种，且主要为杂交籼稻品种，常规粳稻和杂交粳稻较少。

（一）长江流域主栽杂交籼稻品种

1. Ⅱ优725 四川省绵阳市农业科学研究所选育，品种来源为Ⅱ-32-8A×绵恢725，2000年四川省农作物品种审定委员会审定，2001年贵州省、湖北省农作物品种审定委员会审定。该品种属中籼迟熟三系杂交水稻，全生育期比汕优63长3～4天，高产稳产，耐肥抗倒，成熟时转色好，但抗病性较弱。适宜在四川省平坝、丘陵地区，贵州省黔东南、铜仁中低海拔地区，湖北省稻瘟病轻发地区作一季中稻种植。经审核，符合国家品种审定标准，通过审定。

2. D优527（D62A×蜀恢527） 2003年通过国家审定。该品种属中籼迟熟三系杂交稻组合，全生育期比汕优63长4天，西南地区一般为146～154天（华南地区为135～145天，华中地区为140～148天，华东地区为142～152天），主茎叶片数17～18叶，植株松散适中，茎秆粗壮，叶色深绿，苗期繁茂性好，分蘖力强；穗型中等，长粒型，后期转色好，叶鞘、颖尖紫色。株高长江上游平均114.1厘米；亩有效穗17.6万，穗长25.4厘米，平均每穗总粒数154.6粒，结实率78.8%，千粒重29.7克；长江中下游株高平均120.6厘米，亩有效穗17.8万，穗长25.7厘米，平均每穗总粒数150.2粒，结实率82.4%，千粒重30

克。抗性：叶瘟 2.3 级（变幅 1～3），穗瘟 4 级（变幅 3～5），穗瘟损失率 3.9%；白叶枯病 7 级，褐飞虱 9 级。米质主要指标：整精米率 52.1%，长宽比 3.2，垩白率 43.5%，垩白度 7.0%，胶稠度 51 毫米，直链淀粉含量 22.7%。

3. 宜香 1577 是四川省宜宾市农业科学研究所用自育优质浓香型不育系宜香 1A 和自育优质恢复系宜恢 1577 组配而成的优质、高产中籼迟熟杂交水稻新组合。2001—2002 年分别参加南方稻区优质稻国家区试和四川省优质稻区试。

4. Ⅱ优 7 号 是用不育系Ⅱ-32A 与四川省农业科学院水稻高粱研究所自育籼粳交偏籼型恢复系泸恢 17 配组育成的超级杂交中籼稻新组合，具有超高产的产量水平和广适的稳产性能，米质较好，耐寒、耐热能力强，熟期适宜。1998 年 4 月通过四川省农作物品种审定委员会审定。2005 年被农业部列为全国水稻 50 个主导品种之一和 28 个重点推广的超级稻组合之一。为三系籼型杂交稻。该组合全生育期 150 天左右，株型紧凑，株高 115 厘米，穗粒数 150 粒，千粒重 27.5 克。苗期耐寒性好，穗期耐高温，抗倒力强。该品种适宜在四川海拔 800 米以下中稻区及重庆相似生态区种植。本栽培技术主要适用四川单季稻。

5. Ⅱ优 602 Ⅱ优 602 是四川省农业科学院水稻高粱研究所选育的具有超高产的产量潜力，优异的耐热性能，坚韧的抗倒特性，较强的耐肥能力和较广的适应能力，综合性状较为突出的杂交稻中籼迟熟组合。2002 年通过四川省农作物品种审定委员会审定。2004 年通过国家农作物品种审定委员会审定。本文介绍了该组合的高产栽培技术。Ⅱ优 602 是四川省农业科学院水稻高粱研究所用生产上大面积应用的不育系Ⅱ-32A 与自育恢复系泸恢 602 组配育成的三系杂交组合。2002 年通过四川省农作物品种审定委员会审定，2004 年通过国家农作物品种审定委员会审定，2005 年列为农业部 28 个超级稻品种之一。该组合在各级试验示范中表现出超高产的产量潜力，优异的耐热性能，坚韧的抗倒特性，较强的耐肥能力和较广的适应能力等特点，是一个综合性状较为突出的杂交中籼迟熟组合。

6. 两优培九 品种育成单位是江苏省农业科学院粮食作物研究所，品种来源为培矮 64S×9311。1999 年江苏省农作物品种审定委员会审定，2001 年湖北省、湖南省、陕西省农作物品种审定委员会审定。该品种属迟熟中籼两系杂交组合，全生育期 150 天左右，比汕优 63 迟 3～4 天，株叶形态较好，在南方稻区区试和生产试验中产量表现略低于对照汕优 63，但在高肥基础上，比汕优 63 有更大的增产潜力。该品种适应性较广，适宜在贵州、云南、四川、重庆、湖南、湖北、江西、安徽、江苏、浙江、上海以及河南信阳、南阳地区和陕西汉中地区一季稻区种植。经审核，符合国家品种审定标准，通过审定。

7. Ⅱ优明 86 福建省三明市农业科学研究所选育，品种来源为Ⅱ-32A×明恢 86，2000 年贵州省农作物品种审定委员会审定。该组合属三系杂交水稻，全生育期作中稻 150.8 天，比汕优 63 迟熟 3.7 天，作双季晚稻 128～135 天，比汕优 63 迟熟 2 天。株高 100～115 厘米，茎秆粗壮抗倒，株型集散适中，分蘖力中等，后期转色佳，总叶片数 17～18 叶，剑叶长 35～38 厘米，每亩有效穗数 16.2 万，穗长 25.6 厘米，每穗总粒数 163.6 粒，结实率 81.8%，千粒重 28.2 克。米质主要指标：整精米率 56.2%、垩白率 78.8%、垩白度 18.9%，胶稠度 46 毫米，直链淀粉含量

22.5%。抗性：中感稻瘟病、感白叶枯病，稻瘟病4.5级，白叶枯病8级，稻飞虱7级。产量表现：1999年参加全国南方稻区中籼迟熟组区试，平均亩产632.18千克，比对照汕优63增产8.19%，达极显著水平，2000年续试平均亩产565.4千克，比汕优63增产3.15%，达极显著，2000年生产试验平均亩产581.2千克，比汕优63增产3%。表现迟熟、高产、适应性较广。栽培技术要点：①稀播育壮秧，秧龄控制在35天以内；②合理密植，插足基本苗。插植密度20厘米×23.3厘米，每穴插2粒谷秧，每亩插足2.9万基本苗；③力争早插早管，施足基肥，早施分蘖肥，兼顾穗肥；④其他栽培措施可参照汕优63。制种技术要点：①恢复系明恢86始播期比明恢63短4～5天，总叶片数比明恢多1片叶；②制种参考方案：夏制Ⅱ优明86，时差16天左右，叶差3叶。全国品审会审定意见：该品种属籼型三系杂交水稻，作中稻种植比汕优63迟熟约4天。表现穗大粒多、高产，适应性较广，耐肥抗倒，中感稻瘟病，感白叶枯病。适宜在贵州、云南、四川、重庆、湖南、湖北、浙江、上海以及安徽、江苏的长江流域和河南省南部、陕西省汉中地区作一季中稻种植。经审核，符合国家品种审定标准，通过审定。

8. Ⅱ优084　江苏丘陵地区镇江农业科学研究所选育，品种来源为Ⅱ-32A×镇恢084，2001年江苏省农作物品种审定委员会审定。特征特性：该品种属籼型三系杂交水稻，在长江中下游作中稻种植全生育期平均142.4天，比对照汕优63迟熟3.1天。株高121.4厘米，株叶形态好，茎秆粗壮，抗倒性强。每亩有效穗数17万穗，穗长23.3厘米，每穗总粒数160.3粒，结实率86%，千粒重27.8克。抗性：

叶瘟病5级，穗瘟病9级，穗瘟病损失率9.3%，白叶枯病7级，褐飞虱9级。米质主要指标：整精米率56.1%，长宽比2.6，垩白率32%，垩白度5.3%，胶稠度49毫米，直链淀粉含量21.9%。产量表现：2000年参加南方稻区中籼迟熟组区域试验，平均亩产560.4千克，比对照汕优63增产1.9%（不显著）；2001年参加长江中下游中籼迟熟优质组区域试验，平均亩产648.4千克，比对照汕优63增产6.89%（极显著）。2002年参加长江中下游中籼迟熟优质组生产试验，平均亩产583.1千克，比对照汕优63增产4.98%。栽培技术要点：①适时播种：一般4月下旬至5月中旬播种，每亩播种量10～15千克；②合理密植：中上等肥力田亩栽1.6万～1.8万穴，每穴1～2粒谷苗，每亩5万基本苗；③肥水管理：一般每亩施纯氮15千克左右，要求施足基肥，早施、重施促蘖肥，促早发，施好穗肥，做到促保兼顾。肥水运筹掌握前促、中控、后稳的原则；④防治病虫：注意防治稻瘟病、白叶枯病及稻飞虱等病虫的为害。国家品审会审定意见：经审核，该品种符合国家稻品种审定标准，通过审定。该品种高感稻瘟病，感白叶枯病，高感褐飞虱。米质较优。适宜在江西、福建、安徽、浙江、江苏、湖南、湖北的长江流域（武陵山区除外）以及河南省信阳地区稻瘟病轻发区作一季中稻种植。

9. 丰优香占 丰优香占是江苏省里下河农业科学研究所选育的优质杂交籼稻组合，2002—2004年先后通过国家及江苏、湖北、陕西、广西、河南等省审定定名。2002年获优质米博览会金奖，2003年纳入国家科技成果重点推广项目。贵州省安龙县于2002年引进丰优香占，经2年适应性试验，2年生产示范，2006年在全县推广267公顷。该组合表现产量较高，在安龙县大面积生产示范中，丰优香占平均单产 1.011 吨/公顷，最高单产 1.299 吨/公顷，生育期表现与汕优 63 相当。米质特优，稻米经农业部稻米质量测试中心测定，12 项指标中有 9 项达部颁优质米一级标准，3 项达二级标准，除粒长外，所有指标都超过泰国米，米饭松散柔软，香味浓郁，冷后不硬，适口性佳。

10. 协优 7954　协优 7954 系浙江省农业科学院育成的籼型杂交水稻新组合。经 1999—2000 年省内外试种表现为高产稳产、适应性广、茎秆粗壮、耐肥抗倒、穗大粒重、后期转色好、米质较好、中抗白叶枯病和稻瘟病等特点。2001 年 4 月通过浙江省农作物品种审定委员会审定，适宜在浙江省作单季稻或连作晚稻推广种植。协优 7954 由不育系协青早 A 与恢复系浙恢 7954 配组而成。1995 年春在海南以强优恢复系 9516（培矮 64S/特青 3 号）为母本，自选大穗形恢复系 M105（密阳 46/轮回 22）P1 作父本进行杂交，在杭州、海南两地进行系谱选育，同时进行抗性和米质筛选。1996 年秋在杭州于 F3 代群体中选出 20 个优良单株。1997 年春在海南从 P4 株系圃中再选出 21 个单株与协青早 A 进行成对测交。秋季在杭州测交圃中选出强优势组合协优 7954，其恢复系定名为浙恢 7954。

参加 1998 年浙江省“8812”后备材料大区对比试验，平均产量 8.00 吨/公顷，比对照汕优 10 号增 11.1%，居参试组合第一位；1999 年浙江省单季杂交稻区试，平均产量 8.17 吨/公顷，居参试组合首位，比对照汕优 63 增产 9.3%，增产达极显著水平。金华县试种示范 20 公顷，平均产量 7.70 吨/公顷，比对照汕优 10 号增产 7.3%，高产田块达 9.53 吨/公顷；2000 年浙江省单季稻区试，平均产量

8.86 吨/公顷，比对照汕优 63 增产 9.6%，列第一位。省生产试验中平均产量 8.40 吨/公顷，比对照汕优 63 增产 11.0%。全国南方稻区中籼迟熟 A 组区试，平均产量 8.80 吨/公顷，比对照汕优 63 增产 7.0%，达极显著水平，居第一位。金华县试种 45 公顷，平均产量 7.91 吨/公顷，比协优 46 增产 22.1%。其中祝文明户 0.12 公顷，实收产量 10.57 吨/公顷。安徽省芜湖县六郎团湾 21.3 公顷示范片，平均产量 9.75 吨/公顷，其中 0.1 公顷高产田产量达 11.00 吨/公顷。农艺及经济性状：协优 7954 生育期因光温反应条件不同有所变化，作单季种植，全生育期 135～145 天，比汕优 63 长 1～3 天；作连作晚稻种植，全生育期 130～135 天，较汕优 10 号长 2～4 天。分蘖中等，株型适中，茎秆粗壮，耐肥抗倒，成穗率高，穗大粒重。株高 112.2 厘米，穗长 22.5 厘米，有效穗 231 万/公顷，每穗总粒数 152.2 粒，结实率 82.7%，千粒重 29.4 克，后期转色好。抗性与米质：协优 7954 糙米率 80.3%、精米率 73.1%、整精米率 54.8%、粒长 7.0 毫米、长宽比 2.9、碱消值 6.6 级、直链淀粉含量 24.4%、蛋白质 10.3%。其中精米率、粒长、碱消值、蛋白质含量 4 项指标达部颁优质米一级标准，糙米率、整精米率、长宽比、直链淀粉含量 4 项指标达二级标准。经浙江省农业科学院植物保护研究所鉴定，协优 7954 中抗稻瘟病、白叶枯病，对白背飞虱和细菌性条斑病抗性优于对照汕优 63。

11. 丰两优 1 号 丰两优 1 号由合肥丰乐种业股份有限公司选育。2003 年安徽省农作物品种审定委员会审定，2004 年河南省、湖北省农作物品种审定委员会审定，审定编号：国审稻 2005035。特征特性：该品种属籼型两系杂交水稻，在长江中游作双季晚稻种植，全生育期平均 117.5 天，比对照汕优 46 早熟 0.7 天。株型较散，株高 110.0 厘米，每亩有效穗数 17.2 万穗，穗长 22.4 厘米，每穗总粒数 138.1 粒，结实率 77.9%，千粒重 28.8 克。抗性：抗稻瘟病平均 5.0 级，最高 7 级；白叶枯病 5 级，褐飞虱 9 级。米质主要指标：整精米率 56.5%、垩白率 25%、垩白度 2.8%、胶稠度 63 毫米、直链淀粉含量 16.0%，达到国家优质稻谷标准 2 级。产量表现：2003 年参加长江中下游晚籼中迟熟优质组区域试验，平均亩产 487.84 千克，比对照汕优 46 增产 2.86%（极显著）；2004 年续试，平均亩产 498.7 千克，比对照汕优 46 增产 20.9%（显著）；两年区域试验平均亩产 493.27 千克，比对照汕优 46 增产 2.48%。2004 年生产试验平均亩产 468.25 千克，比对照汕优 46 增产 4.73%。

稻米品质的各项指标，如 12 项指标中粒长、碱消值、胶稠度、蛋白质含量 5 项指标均达部颁一级米，糙米率、精米率、长宽比、透明度、直链淀粉含量 5 项指标达部颁优质米二级标准外，米粒外观品质特优，米饭柔软，香味可口，卖相好，深受粮食经销商的青睐。

丰两优 1 号属中、晚稻兼用型的中籼早熟组合，2003 年在茗岙乡于 5 月 6 日播种，8 月 12 日始穗，9 月 23 日成熟，全生育期为 140 天；6 月 10 日播种，8 月 30 日始穗，10 月 10 日成熟，全生育期为 121 天；在岩头镇港头村于 5 月 25 日播种，8 月 27 日始穗，9 月 28 日成熟，全生育期为 125 天。同年在平阳县腾蛟镇联元村试验点作连晚种植，于 6 月 19 日播种，9 月 3 日始穗，10 月 15 日成熟，全生育期为 118 天，比对照汕优 63 短 4 天。

适宜地区：适宜在广西中北部、广东北部、福建中北部、江西中南部、湖南中南部、浙江南部的稻瘟病轻发的双季稻区作晚稻种植。

12. 协优 9308 协优 9308 是中国水稻研究所用不育系协育早 A 与该所选育的粗粳亚种间的恢复系 9308 配组而成的杂交稻新组合，1999 年 3 月通过浙江省农作物品种审定委员会审定。该品种 1994 年引入浙江省台州市，1997 年进入较大面积示范，1999 年开始推广，经 4 年累计作连晚种植5 553.33公顷，表现生育期适宜，丰产性好，米质优，抗白叶枯病，后期耐寒，不易倒伏，在易遭台涝之灾、易发白叶枯病及倒伏严重的地区具有一定的推广价值。

植株特征：协优 9308 株高 100 厘米左右，株型紧凑，茎秆粗壮，茎部节间短而粗，主茎总叶数 17～18 片，叶片略卷曲，叶色深绿。根系发达，单株发根量多，具有耐肥、抗倒伏等特点，抽穗齐整。分蘖力偏弱，成穗率高，单位面积产量相对稳定。协优 9308 组合系大穗型，穗数偏少，穗大粒多，千粒重中等。据考查，有效穗 251.10 万/公顷，穗长 23.4 厘米，穗总粒 155.98 粒，穗实粒 139.22 粒，结实率 89.30%，千粒重 26.95 克。根据 4 年的栽培结果分析，协优 9308 连晚栽培，正常条件下千粒重稳定在 26.5 克左右，结实率 90.85%，穗总粒数变化较大，变幅在 130～165 粒之间，以 140～150 粒为多。灌浆特性：由于该组合大穗多粒，灌浆充实期较慢，并有明显的二次灌浆现象，做好后期的肥水管理，对提高结实率与千粒重有明显作用。落粒性：在黄熟期易田间落粒，黄熟先期尤为明显，晚间如遇风灾产量影响大。1998 年调查，风害落粒产量损失可达 10%～40%。此特性不同年份有明显差异，与后期灌浆管理湿度有明显关系，天气干燥，断水过早会加重落粒。生育特性：协优 9308 具有较强的感光性，对积温不敏感，只要光照条件满足，即将进入生殖生长，提早播种对抽穗期没有明显影响，在 6 月中、下旬期间播种，播种期相差 4 天，抽穗期差 1 天。抗性协优 9308 抗白叶枯病能力差，1996 年大豆人工接种试验，该组合叶发病率 84.87%，病指 19.63%，稻瘟病和纹枯病发病较轻。不抗细条病，易遭螟虫为害。稻米品质：协优 9308 糙米率 81.3%，精米率 73.1%，直链淀粉含量 21.0%，出饭率高，米饭软口，食味好，商品性佳，品质优。

（二）长江流域主栽常规粳稻品种

1. 华粳 2 号 华粳 2 号是江苏省大华种业集团有限公司通过复合杂交选育而成的中熟中粳稻新品种。2003 年 1 月通过江苏省品种审定委员会审定，适宜淮北地区中高肥条件下种植。该品种品质理化指标达国标一级优质稻谷标准，高产潜力可达 750 千克/亩，抗白叶枯病和稻瘟病。1996 年以武育粳 3 号为母本、香粳 111 为父本进行杂交配组。1997—2000 年在内地和海南育种基地上对株型紧凑、分蘖性强、穗大粒多、抗倒性好、抗病性强、品质优异的分离单株连续多代进行选择、加代、鉴定和繁殖，其中稳定品系 14013（F7 代）即华粳 2 号。在 2000 年新品系比较试验中，表现出产量高、抗性好、品质优等特点。

2001—2002 年参加江苏省区域试验，两年平均亩产量 676.7 千克，较泗稻 9 号和镇稻 88 分别增产 17.7% 和 3.2%，均达极显著水平，列第一位。2002 年在区试同时组织生产试验，平均亩产量 666.3 千克，较对照镇稻 88 亩增产7.3%。每亩有效穗22万左右，每穗实粒数120粒左右，结实率85%左右，千粒重25～26克。株高100厘米左右，全生育期150天左右，较镇稻88早3天。该品种产量水平高，稳产性好，米质优，较易脱粒，审定合格，适宜江苏淮北地区中上等肥力条件下种植。品种株型紧凑，长势旺盛，茎秆粗壮，抗倒性较强，叶色深，剑叶挺举。接种鉴定抗白叶枯病，中抗稻瘟病，高感纹枯病。据2001年农业部稻米及制品质检中心检测，糙米率85.9%，整精米率70.6%，垩白率4%，垩白度0.2%，胶稠度100毫米，直链淀粉含量17.5%，米质理化指标达到国标一级优质稻谷标准。

2. 武香粳14 武香粳14系江苏省武进稻麦育种场育成的早熟晚粳新品种，以京58、248-5//254-13///9325复合杂交育成的早熟晚粳新品种。经连续多年大面积种植表明，武香粳14具有高产、优质、抗病和生育期适中等显著优势。2003年1月通过江苏农作物品种审定委员会审定并命名。2001年武进稻麦育种场引进试种，表现为产量高、抗倒性好、米质优，平均亩产600千克以上。稻米芳香，米白均匀，外观米质好，适口性较佳。株高90～95厘米，分蘖特性中等偏强，茎秆坚硬，穗型大，成穗率高，千粒重24～26克。中抗稻瘟病，易感稻曲病。感温性较强，对水敏感，后期脱水过早、供水不足，易引起叶片发红，叶尖早枯，导致有效功能叶早衰。全生育期150～155天，一般5月20日左右播种，6月20日左右移栽，8月底齐穗，10月20～25日成熟。从播种期到抽穗期100天左右，抽穗期到成熟期50～55天。株高95～100厘米，株型紧凑，叶宽挺拔，一生总叶片数17～18叶，叶色青绿，地上节间6个，茎秆粗壮，茎粗壁厚，坚硬有弹性，耐肥、抗倒能力较强。

武香粳14分蘖性较强，6～7叶时移栽大田，12叶期为有效分蘖临界叶龄期，分蘖节位多，低位分蘖节发育较好，分蘖成穗率较高，但对肥水反应较敏感，缺肥受旱对分蘖生长影响较大。据分蘖追踪试验结果，一次分蘖成穗率达87.1%，比武运粳7号的80.3%高6.8%，二次分蘖成穗率61.7%，比武运粳7号的50%高11.7%，平均成穗率比武运粳7号增9.3%，正常年景在栽后20天能达到预期穗数的苗数。对稻瘟病、条纹叶枯病、稻曲病、穗枯病的抗病能力一般。武香粳14米粒外观白亮，透明度较高，据中国稻米检测中心测定达到国家二级米标准，食味口感好。

3. 南粳41　南粳41是江苏省农业科学院粮油作物研究所杂交选育成的迟熟中粳，2003年通过江苏省农作物品种审定委员会审定，2003年引进种植215公顷。经多点试验示范，该品种均表现高产稳产、熟期适中、综合抗性强、米质优等特点，应用前景广阔。2001—2002年参加省区域试验，两年平均产量为9 808.5千克/公顷，较武育粳3号增产5.23%，均达到显著水平。2002年在区试的同时破格组织生产试验，平均产量为9 150.75千克/公顷，较武育粳3号增产3.44%。

南粳41的主要特征特性为，株型松散适中、生长清秀。该品种苗期叶色淡绿，叶片较短、叶挺，苗体较矮，分蘖出生快，分蘖力较强，抽穗后叶片挺，株型松散适中，植株生长清秀，后期转色正常，熟相好。在肥水正常条件下，株高95～100厘米，谷粒椭圆，长宽比1.7，谷壳较薄。产量构成因素协调，该品种一般每亩23万～25万穗，每穗120～130粒，结实率90%以上，千粒重27克。该品种分蘖性好，群体自我调节能力较强，有效穗少时穗型较大，有效穗多时则穗型较小，因此，该品种不仅具有较高的产量潜力，而且产量较稳定，适应性广，综合抗性较好。试验示范过程中纹枯病轻，未发生稻曲病，未发生倒伏现象。稻米品质较优，该品种经农业部稻米及制成品质量检测中心分析，糙米率86.5%，精米率78.8%，整精米率68.3%，长宽比1.7，垩白率19%，垩白度3.0%，透明度2级，碱消值7.0级，胶稠度96毫米，直链淀粉含量16.9%，蛋白质含量8.1%。各项品质指标达国标二级别优质米标准。

4. 宁粳1号 宁粳1号，原名W001，系南京农业大学水稻研究所以武运粳8号/W3668杂交，于2001年育成的早熟晚粳稻品种。2004年通过江苏省审定，审定编号：苏审稻200417，品种权号：CNA20030547.6。

2004年多点示范，2005年大面积推广，当年在适种地区的江苏泰州、扬州、南通、南京、盐城等地种植近200万亩，2006年扩大至江苏沿江、苏南以及上海、皖中、皖南和浙北等相应地区，应用面积达到500多万亩。成为江苏省水稻良种补贴第二大招投标品种。2007—2008年列为江苏农业主导品种，继续扩大种植，种植面积占适种地区同类型品种的70%以上，至2008年三省一市累计推广种植面积2 000多万亩。为农业增效、农民增收发挥了重要作用。该品种已列为国家农业科技跨越计划实施品种、国家后补助品种、国家重大新品种推荐品种和2007年国家超级水稻品种，2009年被农业部列为全国农业主导品种。品种主要特性：

（1）高产、稳产 两年省区试平均亩产639.9千克，高于江苏省同类型品种产量潜力最高的武运粳7号，在2004年示范种植中，单产稳定在650千克/亩以上，高产田块750千克/亩以上，2005年江苏水稻生长中后期在遭遇持续阴雨寡照和强台风袭击造成大范围普遍减产的情况下，宁粳

1号减产幅度最小，并出现许多高产方、高产田。如江苏姜堰市娄庄镇先进村146亩示范片，单产747.9千克/亩，地处大丰境内的上海农场173亩展示区，单产745千克/亩，2006—2007年在国家农业科技跨越计划实施中，多点大面积单产达780千克/亩。

（2）抗病、抗倒　在华东稻瘟病8个生理小种中，接种鉴定结果对5个生理小种免疫，2个中抗，田间表现中、高抗穗颈稻瘟；接种鉴定对本地白叶枯病的4个主要菌系抗性1～2级，表现高抗；2004年以来江苏水稻条纹叶枯病暴发特大流行，发病面积广、染病品种多、减产程度重，不少田块失收，而宁粳1号发病轻微，基本无影响。2005年上海农场展示本区域31个主栽品种和新品种（系），宁粳1号为发病最轻的品种之一，发病株率小于3%。2005年江苏省农业科学院植物保护研究所田间抗性鉴定，宁粳1号抗水稻条纹叶枯病，且抗性稳定。2005年水稻抽穗后9月中旬和10月初，江苏遭受“卡努”、“龙王”两次台风正面袭击，全省水稻大面积严重倒伏，而宁粳1号未发生倒伏，个别亩穗数达24万田块倒而不伏。

（3）特征特性优良　株型集散适中，生长清秀，叶片挺举，分蘖性强，当地10月20日前后成熟，生育期156天左右。穗粒结构协调，亩有效穗22万左右，每穗粒数130～135粒，结实率90%以上，千粒重28克，穗粒互补性较强，感光型较强，后期耐低温。

（4）米质优、口感好　理化指标（江苏省区试组送样，农业部食品质量监督检验测试中心检测）：出糙率84.7%，整精米率66.6%，垩白率29%，垩白度4.8%，直链淀粉（干基）17.17%，胶稠度82毫米，综合指标达国标三级优质稻谷。稻米食味清淡，口感软，蒸煮米饭冷后不硬，稻米外观商品性好。

5. 宁粳 3 号 宁粳 3 号由南京农业大学农学院通过杂交选育而成，2008 年 1 月通过江苏省审定（审定编号：苏审稻 200809）。全生育期 158 天左右，株高 98 厘米，株型紧凑，长势较旺，分蘖力强，后期熟相较好，抗倒性较强。有效穗 300 万/公顷左右，每穗实粒数 130 粒左右，结实率 90%左右，千粒重 26 克。中抗白叶枯病，对条纹叶枯病抗性较好。在宣城市示范区几乎没有发现病害，即使发生也不严重。米质达国家三级优质标准，口感较佳，有淡雅香味，具有很大的推广价值。为适应宣城市直播栽培的习惯，减少失误，针对宁粳 3 号的特点，提出了宁粳 3 号直播栽培的 5 个关键技术环节，以便指导大田生产。

示范方平均实收单产 669.7 千克/亩，其穗粒结构为：每亩有效穗 20.6 万，每穗总粒数 136.0 粒，结实率 93.6%，千粒重 26.9 克。其中，邗江区瓜州镇塑盘抛秧 6.8 公顷示范方，平均单产 682.3 千克/亩。1.1 公顷超高产攻关田平均单产达 741.2 千克/公顷。

示范种植表明，宁粳 3 号对条纹叶枯病具有较好的抗性，在 2007 年灰飞虱大发生的情况下，条纹叶枯病只有零星发生。据江都市高徐镇示范点 2007 年 7 月 16 日调查，宁粳 3 号百丛病株率为 10%，百株发病率为 1.5%，而相同条件下的对照武运粳 7 号百丛病株率为 34%，百株发病率为 8.0%，明显高于宁粳 3 号。2007 年扬州市水稻生长后期遭遇了 9 月 18 日台风“韦帕”和 10 月 7 日台风“罗莎”两次袭击，大面积生产上许多品种倒伏较为严重，而宁粳 3 号所有示范方田间均无倒伏，表现出较强的抗倒性。

品质优良。据江苏省区域试验品质检测结果，宁粳3号糙米率86.0%，精米率74.4%，整精米率69.5%，垩白率52%，垩白度3.1%，直链淀粉含量17.2%，胶稠度72毫米，粒长5.8毫米，长宽比2.1，透明度2级，碱消值7.0级，食味值67级，直链淀粉含量19.7%，蛋白质含量8.6%，米质达国标三级优质稻谷标准。2007年据扬州市农业局测定，宁粳3号糙米率84.6%，精米率73.8%。在2007年12月13日扬州市召开的全市水稻新品种推广暨良种补贴工作座谈会上，与会各县（市、区）农林局分管局长、作物栽培站长、种子站站长、种子公司经理，以及受邀请的有关省、市专家45人进行了稻米品质评比品尝，结果表明，宁粳3号外观品质和食味品质明显好于对照武运粳7号。另外，宁粳3号米饭有香味，口感较佳。

综合性状好。宁粳3号在早熟晚粳品种中熟期较早，一般比武运粳7号早熟3天。机插秧于5月27日左右播种，10月26日左右成熟，全生育期153天左右；塑盘抛秧5月24日播种，10月21日成熟，生育期151天左右；旱育稀植手栽于5月12日左右播种，10月24日左右成熟，全生育期165天左右。宁粳3号一生共18叶左右，6个伸长节间，平均株高机插秧93.8厘米，塑盘抛秧92厘米，旱育稀植手栽秧97.7厘米，株高较为适中。株型紧凑，叶挺色深。分蘖力较强，长势较旺，茎秆坚韧，弹性较好，群体生长整齐度高，后期熟相较好，谷粒较易落粒。适宜扬州市及同类地区大面积种植。

（三）长江流域主栽杂交粳稻品种

常优1号　常优1号（原名常优99-1）系江苏省常熟

市农业科学研究所1998年育成的三系杂交中熟晚粳稻新组合，2002年2月通过江苏省农作物品种审定委员会审定，2003年11月通过国家品种审定（审定编号：国审稻2003068），是国内首批通过国审的两只杂交粳稻新组合之一，目前正在江、浙、沪、皖、鄂等省（直辖市）适宜区域推广种植，面积已达40万亩，日本、韩国也引进试种。绍兴市从2001年引入试种，2002年全市多点扩大示范总面积为1 500亩，2003年开始推广应用于面上生产，当年全市推广面积5.6万亩，2004年扩大到6.8万亩，一跃成为绍兴市杂交粳稻的当家品种之一。

常优1号在绍兴作单季晚稻栽培，全生育期153～158天，平均株高108厘米左右，有效穗17万～21万，穗粒数160粒左右，正常年份结实率83%左右，千粒重27～28克。分蘖力强，株型紧凑，茎秆粗壮，抗倒，后期转色好，米质优，丰产性好，抗病性强，适宜于绍兴作单季晚稻育秧栽培和直播栽培。主要表现在：

江苏省种子站2001年1月统一取样送中国水稻研究所进行理化指标测定：糙米率85%，精米率76.8%，整精米率73.9%，垩白率17%，垩白度2%，透明度2级，碱消值7级，胶稠度92毫米，直链淀粉含量17.1%，蛋白质含量7.5%，所测项目均达新颁国标（GB/T17891—1999）优质米二级标准，并在江苏省首届优质稻谷评比中评为优质米。2002年11月绍兴市种子管理站组织有关人员对常优1号和面上品种米样进行外观和蒸煮品评，大家一致认为常优1号稻米外观漂亮，米饭柔软，适口性好。绍兴县还把常优1号作为富硒大米品牌生产的指定品种。

2000年参加江苏省晚杂粳组区试及苏州、无锡、常州三市品比试验，三市品比产量分别为 572.0 千克/亩、634.0 千克/亩、653.3 千克/亩，分别比对照增产 6.77%、8.0%、7.74%，产量均列第一位。同年省区试产量 594.7 千克/亩，与Ⅱ优 161 相仿。

2001 年参加全国南方稻区单季晚粳区试，10 个试点平均 584.7 千克/亩，比对照秀水 63 增产 6.16%，达极显著水平，居第一位。同年参加江苏省单晚杂粳组生产试验，亩产 648.35 千克，列第二位。

2001 年参加绍兴市单季晚粳稻新品种品比试验，小区平均实割亩产 605.0 千克，列第一位，比对照甬粳 18（541.0 千克/亩）增 11.8%。

2002 年继续参加全国南方稻区单季晚粳组区试，平均亩产 601.54 千克，比对照秀水 63 增产 5.46%，达极显著水平，居第二位。同年参加生产试验，亩产 623.23 千克，比对照秀水 63 增产 6.57%，达极显著水平，居第二位。

二、长江流域主要中稻品种的需肥特性

（一）长江流域杂交籼稻品种需肥特性

1. Ⅱ优 725　主栽区域为湖北省潜江市，4 月 25 日到 5 月 10 日播种，6 月初至中旬移栽。争取早生快发和分蘖成穗，保证足够的有效分蘖，争取大穗是Ⅱ优 725 获得高产的关键。因此，施足底肥，合理密植十分重要。底肥每公顷施足农家肥 20～30 吨、碳酸氢铵 450 千克、磷肥 520 千克、钾肥 112.5 千克、锌肥 22.5 千克。Ⅱ优 725 大田分蘖力一般，可适当增加群体基数，每公顷插 23 万穴左右，每穴双株，基本苗 180 万苗以上。栽插规格为 13.3 厘米×33.0

厘米。

栽后浅水返青，返青后及时追肥尿素 75.0～120.0 千克/公顷，每公顷茎蘖数 300 万～330 万时控苗晒田，使每公顷最高茎蘖数控制在 450 万以内，有利于提高成穗率，形成多粒大穗。晒田复水后，幼穗分化期及时重施穗肥。根据促花和保花增粒的关系分两次施用：①促花肥尿素 105 千克/公顷、钾肥 112.5 千克/公顷；②保花肥尿素 60 千克/公顷。灌浆期搞好叶面喷肥，进行干干湿湿灌水，切忌断水过早，以降低空壳率，确保叶青子黄和千粒重增加。

2. D 优 527（D62A×蜀恢 527） D 优 527 为三系籼型杂交稻。全生育期平均 153 天，株高平均 117.4 厘米，每穗实粒数 152.0 粒，千粒重 29.9 克。各项米质指标均达部颁二级以上优米标准。适宜在四川、重庆、湖北、湖南、浙江、江西、安徽、上海、江苏省的长江流域（武陵山区除外）和云南、贵州省海拔 1 100 米以下地区以及河南省信阳、陕西省汉中地区白叶枯病轻发区作一季中稻种植，在福建各地作中、晚稻种植。本栽培技术主要适用四川省单季稻。根据当地种植习惯适当提早播种，一般在 3 月中下旬、4 月上旬播种。湿润育秧每亩秧田播种量 10 千克。旱育秧苗床亩用壮秧剂 10 千克与 50 千克过筛细土，均匀撒施于苗床厢面后翻混均匀，基肥亩施尿素 19.6 千克，每平方米净苗床的播种量不能超过 50 克干种子，培育 7 叶左右的秧苗。分蘖肥，在 3 叶期亩施尿素 11 千克，对水施用。移栽前亩用 5%锐劲特 33 毫升喷施，防治一次螟虫，带药移栽。

本田亩施纯氮 10～12 千克左右。其中基肥 60%，并配施相应的磷钾肥（亩用充分腐熟的有机肥 1 500～2 000 千克、过磷酸钙 30～40 千克、氯化钾 10～20 千克）。分蘖肥占总氮肥量的20%，亩施15千克复合肥，3～5千克尿素，插后6～7天施除草剂，与分蘖肥混施。穗肥亩施尿素5千克，剑叶与倒二叶叶枕距为0～3厘米时追肥1次。

3. 宜香1577　适时播种、培育壮秧是重点。宜香1577最佳播期为4月25日前后，秧龄35天左右，实行稀播，秧田播量12千克/亩，一般每亩秧田施人粪尿400～450千克作基肥，1叶1心期施断氮肥，3叶1心期施断奶肥，插秧前5～7天施送嫁肥和送嫁药，为促早分蘖、多分蘖，2叶1心期喷施多效唑300毫克/千克。

一般在5月底至6月上旬移栽结束，密植规格以20厘米×30厘米为宜，每亩插1.4万～1.5万丛，丛插2粒谷，亩基本苗6万～7万，插后至见绿保持畦面湿润，以利齐苗，做到薄水浅插匀栽，促进低位分蘖，充分利用光能和地力，为高产群体的形成奠定良好基础。据宜香1577植株高大、根系发达、分蘖优势强、穗大粒多等特点，本田施肥重点抓好攻头肥，基肥应占总施肥量的60%，追肥约占30%，穗肥约占10%，做到早施分蘖肥，中后期看苗情巧施穗分化肥，酌施穗肥，抽穗后应以根外追肥为主。一般大田亩施纯氮10千克左右，N∶P_2O_5∶K_2O为1∶0.5∶0.9，施肥技术上应达到“前期攻得起，中期稳得住，后期不早衰，叶色正常变换”的目的。

4. Ⅱ优7号　川东南3月10日左右播种，川西北4月上旬播种，旱育中苗，播种量为每平方米135～150克芽谷。苗床亩用壮秧剂10千克与50千克过筛细土，均匀撒施于苗床厢面后翻混均匀，基肥亩施尿素19千克。分蘖肥，在3叶期亩施尿素10千克，对水追施促蘖肥。移栽前亩用5%锐劲特33毫升喷施，防治一次螟虫，带药移栽。旱育秧秧龄一般控制在 40～55 天左右。种植规格 16.5 厘米×26 厘米，每亩种植 1.5 万丛左右。本田亩施纯氮 10 千克左右。其中基肥 60%，并配施相应的磷钾肥（亩用充分腐熟的有机肥 1 500～2 000 千克、过磷酸钙 30～40 千克、氯化钾 10～20 千克）。分蘖肥占总氮肥量的 25%～30%，亩施 15 千克复合肥、3～5 千克尿素，插后 10 天内施除草剂，与分蘖肥混施。穗肥亩施尿素 5 千克，剑叶与倒二叶叶枕距为 0～3 厘米时追肥 1 次。分蘖期浅水与湿润灌溉交替。苗数大约达到穗数 80%时开始搁田，采用多次轻搁田，营养生长过旺时适当重搁田，控制苗峰。穗分化期，保持薄水层。花后注意灌好跑马水，保持田土湿润至成熟。

5. Ⅱ优 602 Ⅱ优 602 三系籼型杂交稻，在长江上游作一季中稻种植全生育期平均 155 天，分蘖力强，株高 110.6 厘米，每穗总粒数 151.0 粒，千粒重 29.7 克。耐寒性强，成熟期转色好。该品种适宜在云南、贵州、重庆中低海拔稻区（武陵山区除外）和四川平坝稻区、陕西南部稻瘟病、白叶枯病轻发区作一季中稻种植。本栽培技术主要适用四川单季稻。川东南 3 月 10 日左右播种，川西北 4 月上旬播种，湿润育秧每亩秧田播种量 10.0 千克。旱育秧的播种量与秧苗叶龄直接相关，培育 45 天秧龄的苗床每平方米播种粉嘴谷 120 克左右。旱育秧苗床亩用壮秧剂 10 千克与 50 千克过筛细土，均匀撒施于苗床厢面后翻混均匀，基肥亩施尿素 19 千克。分蘖肥，在 3 叶期后，亩施尿素 10 千克，对水追施促蘖肥。移栽前亩用 5%锐劲特 33 毫升喷施，防治一次螟虫，带药移栽。旱育秧秧龄一般控制在 40～45 天左右。采用宽窄行栽培，种植规格为（33.3＋20）/2 厘米×16.7 厘米，亩栽 1.5 万丛，基本苗 10 万左右。本田亩施纯氮8～

10 千克左右。其中基肥 60%，并配施相应的磷钾肥（亩用充分腐熟的有机肥 1 500～2 000 千克、过磷酸钙 30～40 千克、氯化钾 10～20 千克）。分蘖肥占总氮肥量的 30%，亩施 15 千克复合肥、3～5 千克尿素，插后 10 天内施除草剂，与分蘖肥混施。穗肥亩施尿素 5 千克，剑叶与倒二叶叶枕距为 0～3 厘米时追肥 1 次。分蘖期浅水与湿润灌溉交替。苗数大约达到穗数 80%时开始搁田，采用多次轻搁田，营养生长过旺时适当重搁田，控制苗峰。穗分化期保持薄水层。花后注意灌好跑马水，保持田土湿润至成熟。

6. 两优培九　增施有机肥和磷钾肥，合理促控，确保株健、库足、源强。

适当减 N 增 P、K，合理运筹，2001 年 800 千克/公顷和 700 千克/公顷左右田块 N ∶ P_2O_5 ∶ K_2O 分别为 1 ∶ 0.57 ∶ 0.54 和 1 ∶ 0.42 ∶ 0.46，但前期施 N 偏多，大部分田块占总 N 量的 70%以上，最高的达 76.5%，基肥中化肥面施，特别是分蘖期施 N 量占一生总 N 量的 33.24%～39.47%，是造成猛发旺长的根本原因。根据扬州市土壤和杂交稻需肥特点，应适当控 N 增 P、K，特别要控制分蘖肥用量。800 千克/公顷以上田块总施 N 量以 18～19 千克/公顷为好，N ∶ P_2O_5 ∶ K_2O 为 1 ∶ 0.6 ∶ 0.6，施 N 量基蘖肥与穗肥之比以 6 ∶ 4 为宜，基肥与分蘖肥比为 7 ∶ 3，基肥中 N 素化肥深施，不作面肥，以求平稳释放，缺锌土壤增施锌肥。分蘖肥结合脱水扎根施用，中期一般只捉“黄塘”施肥。磷肥全部作基肥，钾肥在基肥和拔节前各施 50%。

增施有机肥。据试验，有机肥养分齐全，释放平缓，肥效长，有利于个体和群体的平衡健壮发育和品质的提高。两优培九高产、优质栽培，基肥必须以有机肥为主，应占基肥

N素总量的60%～70%，这可用秸秆还田及施农家肥、绿肥和生物有机肥等解决。

看苗合理施用穗肥，以争大穗为主攻方向的栽培途径必须促进所形成的倒二叶和剑叶大而挺拔，合理施用穗肥是达到这一目标的重要手段。试验表明，两优培九促花肥和保花肥同等重要。稳长型应分别于叶龄3.0和1.5左右施用促花和保花肥，总N量一般为纯N7千克/公顷左右，促花肥与保花肥之比5∶5或4∶6。穗肥掌握“不褪淡不施”的原则。促花肥以复混肥为好。粒肥看叶色施用，既要防脱粒早衰，也要防止贪青，以免降低稻米品质。

7. Ⅱ优明86 根据秧田播种量和秧苗生长势做到适时移栽。秧龄控制在35天以内，插植密度20.0厘米×23.3厘米，每穴插2粒谷秧。适量增施氮肥，要发挥Ⅱ优明86超高产的优势，必须保证所需纯氮12千克/亩以上；增施钾肥，杂交中稻对土壤中钾的消耗量很大，一般需磷5～6千克/亩、钾10千克/亩左右。磷肥以基肥为主，钾肥分耙口和分蘖期两次施用，每次各半；施肥原则：施足底肥，早施分蘖肥，兼顾穗肥。中期要有较好的营养条件促进穗分化，并防止颖花退化；后期防早衰，保证籽粒充分灌浆，既要促进分蘖，又要提高分蘖成穗率。施用氮肥的比例为：60%作底肥和20%作分蘖肥，20%作穗粒肥，特别是要看田、看天、看苗施好穗粒肥；施好九二〇。在抽穗达60%～70%时，每亩用1克九二〇对水喷施，可提早齐穗，达到增产的目的；浅水插秧，深水返青，禾苗返青后，为了促进根系生长和分蘖早发快发，一般以浅水勤灌为主。适时露田或轻晒，做到有水孕穗和抽穗。灌浆期间水稻需水较多，以浅灌为主，灌浆以后，采用间歇灌水，Ⅱ优明86二次灌浆明显，忌断水过早，一般在成熟前 5～6 天断水收割。

8. Ⅱ优 084　Ⅱ优 084 为三系籼型杂交稻，在长江中下游作中稻种植，全生育期平均 142 天，株高 120 厘米，茎秆粗壮，抗倒性强。每穗总粒数 160 粒，千粒重 28 克。适宜在江西、福建、安徽、浙江、江苏、湖北、湖南省的长江流域（武陵山区除外）以及河南省信阳地区稻瘟病轻发区作一季中稻种植。本栽培技术主要适用江苏地区作中稻种植。5 月 10 日左右播种，秧田播种量每亩 7.5 千克。秧田一般亩施复合肥（N、P、K 含量分别为 15∶15∶15）20 千克/亩。在 2 叶 1 心时结合灌水上秧板，亩施 4 千克尿素。在 4 叶期根据秧苗生长状况施肥，生长较弱、叶色较差、分蘖较少的，亩施 3～5 千克尿素，生长较旺的可不施。起身肥，在拔秧前 3～4 天，亩施 8 千克尿素。移栽秧龄 30 天，密度 1.2 万～1.3 万丛/亩，以单本插种为主，确保每丛 4～6 个茎蘖。一般每亩施纯氮 15 千克左右。基肥占总氮肥量的 50%左右，亩施 75～100 千克猪牛栏肥或亩施 50 千克饼肥、40 千克钙镁磷肥、10 千克氯化钾、14 千克尿素。分蘖肥，插后 5～6 天施用，占总氮肥量的 20%左右，亩施 10 千克复合肥、4～5 千克尿素。除草剂可与分蘖肥混施。穗肥占总氮肥量的 30%左右，一般亩施 8～10 千克尿素。浅水插秧。分蘖期浅水与湿润灌溉交替。苗数大约达到穗数 80%时开始搁田，采用多次轻搁田，营养生长过旺时适当重搁田，控制苗峰。穗分化期保持薄水层。花后注意灌好跑马水，保持田土湿润至成熟。

9. 丰优香占　丰优香占在安龙县的大面积推广，实现了农民增产增收与种业开发公司利润丰厚的双赢经济效益。由于丰优香占在安龙县栽培表现较好，预计其将成为安龙县未来几年水稻栽培的当家品种。主要的栽培措施如下：

适期早播，科学定量，培育多蘖壮秧。当日平均气温稳定在12℃时可进行播种，在安龙县，对于灌溉有保证的稻田，丰优香占的播期在4月1～10日，干田播期以4月11～20日为宜。水田育秧播种量为150千克/公顷，旱育秧播种量为225千克/公顷。秧田施用纯氮225千克/公顷，并增施磷钾肥，有机肥与无机肥结合，1叶1心期早施断奶肥，移栽前3～5天施好起身肥，培育多蘖壮秧。单株带蘖2～3个移栽。

根据前茬作物，选择最佳寄栽秧龄。前茬为稀水白油菜的秧田寄栽秧龄以40天为宜，寄栽规格5厘米×5厘米；前茬为小麦的秧田秧龄以45～50天为最佳，寄栽规格以6.6厘米×6.6厘米为宜。寄栽时若碰上气温低于15℃应暂停寄栽，以防伤苗。

合理密植，因田插秧。大田移栽密度控制在18万～22.5万丛/公顷。具体规格：特等寨脚大肥田株行距为20厘米×33厘米，上等田为16.5厘米×30厘米，中等田为16.5厘米×26.4厘米，每穴栽两粒谷秧，确保基本苗90万～120万/公顷。

平衡施肥，控制总量幅度。①厩肥总量在15 000～22 500千克/公顷之间，其中寨脚田、上等田为15 000千克/公顷，中等田为22 500千克/公顷。②氮肥总量：折合尿素施用量为150～375千克/公顷，其中特等田、上等田、中等田、下等田分别为150千克/公顷、225千克/公顷、300千克/公顷、375千克/公顷。③磷肥总量：偏酸的黄壤田施钙镁磷肥750千克/公顷，黑泥田施过磷酸钙450千克/公顷。④钾肥总量：富含钾的黄壤田施钾112.5千克/公顷，其他类型田块施钾 150 千克/公顷。

施肥方法：在肥料运筹上，采取“前重、中稳、后补”的原则，即基肥占 80%，追肥占 15%～20%，后期补施壮籽肥。①基肥：厩肥为翻犁前全部施入，全部磷肥和钾肥及 50%的氮肥充分拌匀后，作面肥在翻夹水前施入。②追肥：安龙县常规施肥方式为插秧后 15 天内追分蘖肥，但为减少丰优香占无效分蘖，提高成穗率，建议追肥改为拔节晒田后追孕穗肥。抽穗后视剑叶的叶色确定是否再施肥，深绿色免施，淡绿色的略施氮肥。若发现叶尖干枯是缺钾的表现，叶尖发紫是缺磷的象征，可酌情用磷酸二氢钾加尿素进行叶面追肥。

水浆管理：秧田灌水做到湿润扎根，浅水、露田交替促蘖，深水防雹灾。本田灌水实行浅水移栽，深水护秧，寸水返青，活棵后交替浅水、露田促分蘖，够苗晒田，够苗（270 万穗/公顷）排水晒田（控制无效分蘖，延长封行期，提高光能利用率，改善土壤的通气性，促根养叶，促大穗形成），抽穗后适当露田 1 次，后复水扬花灌浆，蜡熟后排水，收获前 1 周断水。

10. 协优 7954 抓好大田栽插密度。足苗后及时烤田，密度过大，无效分蘖过多，难以攻取大穗。合适的栽插密度和健身栽培，是改善田间光照与通风条件，减轻病害发生，夺取大穗、高产、高结实率的关键。肥力水平高的田块每公顷栽 22.5 万穴，中等肥力田块，每公顷栽 25.5 万～27 万穴，穴栽一苗，力争每公顷栽基本苗 135 万～150 万。拔节末期或每公顷基本苗 345 万～375 万开始烤田，若基本苗 345 万以上，每公顷施氯化钾 45～75 千克控氮控蘖。烤田时严禁重烤，达到既控制无效分蘖的增长，又能有效地减少养分的过度消耗。

抓好大田肥水运筹，确保大穗和高结实率。①肥料运筹：根据测土结果和水稻目标产量，确定肥料的施用量和种类；在肥料总量确定的前提下，确定好基肥、追肥，特别是后期追肥的比例和数量是夺取大穗、高产和优质的基础。一般每公顷基施腐熟饼肥600～750千克、碳酸氢铵600～750千克、磷肥750千克，栽后5～7天，每公顷追攻蘖肥尿素150～180千克、锌肥15千克，幼穗分化期（幼穗分化1～2期）每公顷追攻穗肥复合肥、氯化钾各112.5千克，抽穗前3～5天，每公顷追保花肥复合肥75千克、尿素45千克，达到供肥保叶防早衰。②水浆管理：为达到强根壮株攻大穗，要严把水浆管理关，采取“浅水插秧活棵，实行后水见前水的原则”。一般秧苗栽插后3～5天，待水层自然落干后露田2～3天再上浅水，待水层落干后再露2～3天，以加强土壤供氧，促新根下扎与增加，实现强根壮株，以提高分蘖质量，达到健身栽培，为壮株大穗创造条件。孕穗至抽穗末期根据气温高低适当灌水，温度高灌深水，温度低灌浅水，做到以水调温。灌浆期干湿交替，收获前3～5天断水，确保稻米品质和粒重。

抓平衡增产，适度根外追肥。抓好平衡增产是夺取大面积高产的必要条件。在高产示范区内，根据大田长势、土壤供肥能力、施肥情况等做好系统调查，制定详细的后期叶面施肥计划，对后期可能出现脱肥的田块，在始穗至齐穗期，进行2次叶面追肥，每次用磷酸二氢钾150%，另加叶面宝450毫升。

11. 丰两优1号 适时播种，培育壮秧。丰两优1号在浙江省平阳县作单晚栽培，山区播种为5月初至5月中旬，平原地区播种为 6 月 5～10 日。作连晚栽培的安排在 6 月 18～22 日为宜，秧田播种量为 7 千克/公顷左右，大田种子实行烯效唑浸种或多效唑喷施，都能促进晚稻本田期分蘖的早发，有利于穗总粒数的增加。育秧方式采用半旱秧，并做到稀播、匀播，秧龄为 30 天，带 2 个分蘖以上。秧田要重施基面肥，施水稻专用肥 25 千克/公顷；2 叶 1 心时施尿素 4 千克/亩作断乳肥；移栽前 5 天，施尿素 5 千克/亩作送嫁肥。

适时移栽，合理密植：适时移栽是夺取高产的关键，作单晚栽培秧龄掌握 30～32 天时移栽，作连晚在 7 月 30 日前移栽，秧龄控制在 30 天以内移为宜。栽插规格可采用 20 厘米×26 厘米，基本苗插足 1.3 万丛/亩，单本插足 4 万～5 万丛/亩。

科学肥水管理：该组合茎秆粗壮，穗大粒多，需肥量较大，应施足基肥，早施或少施追肥。在中等田块施用水稻专用肥 30～50 千克/亩作基面肥，移栽后 8～10 天施尿素 8 千克/亩，在幼穗分化六期施尿素 4～5 千克、钾肥 5 千克/亩。

水浆管理：前期应采用浅水露田促分蘖，中期浅水勤灌并保持浅水层，后期间歇灌浅水。中期够苗晒田 2 次（分为重搁田与轻搁田），后期用薄露灌溉法，收割前 7 天断水晒田，以防早衰现象，以利提高两系杂交稻结实率和粒重，才能达到高产目的。

12. 协优 9308　适期播种。培育多蘖壮秧协优 9308 感光性强，秧龄弹性大，但过早播种会造成秧苗间相互遮光，影响分蘖与生长。适宜播期为 6 月 18 日左右，秧龄 37～40 天，叶数 9～10 片。最好药剂浸种处理。秧田施基肥，配施磷、钾肥，在秧苗 1 叶 1 心期喷施多效唑，用量以 200 克/

亩为宜。

合理密植，插足苗数：协优 9308 在 7 月下旬移栽，插秧密度 20 厘米×20 厘米（1.67 万丛/亩），每丛 4～5 苗，以一定的密度和落田苗数弥补分蘖较差的弱点，为成穗、大穗打好基础。

科学用肥，促早发攻穗重：针对该组合株型紧凑、耐盐抗倒的特性，每亩施纯氮 12 千克、氯化钾 10 千克、过磷酸钙 25 千克。氮肥施用上，采取重前补后。氮肥的分配可采取基肥 70%，插后 5 天追 20%，余下部分酌情施用。对相对迟播、有机肥多、土壤黏重、肥料释放慢的，可采用 85%～90%作基肥，余下的看苗补施穗粒肥。通过科学用肥，促进早发、多发，争足穗、大穗，中期穗健，既控制后发的无效分蘖，又保证首期的分蘖成穗，后期不贪青，增粒增重。有时可适当控制氮肥施用，重视搁田及搁田后的间隙灌溉中等肥力土壤，在每亩施足 750 千克有机肥和磷、钾肥的基础上再亩施 30 千克碳酸氢铵作基肥，用拖拉机旋耕入土层，可少施或不施分蘖肥，而从分蘖末期到剑叶露尖前，即当稻苗出现有脱力发黄现象时，看苗施接力肥或穗肥，可施氮、磷、钾三元复合肥，每次用量控制在纯氮 2 千克/亩以下。

合理灌溉，以水促控：协优 9308 本田期分蘖穗主要是主茎 6～9 节位的一次分蘖和 1～3 节位上分蘖（秧田分蘖）的二次分蘖。为促进上述节位分蘖的二次发生，生长成穗，要浅水浅插，插后薄水灌溉，浅水与湿润交替，当达到够苗时，及时脱水搁苗，控制其他节位的无效分蘖，促进根系深扎，促进有效分蘖成穗。然后间歇灌溉，到孕穗期开始复水。特别要做好灌浆期的水分管理，要防断水过早，湿润养稻，以提高千粒重，并减弱落粒性。

（二）长江流域主栽常规粳稻品种需肥特性

1. 华粳 2 号　适期播种，培育壮秧。一般 5 月上中旬播种，播种前应浸种，防治好恶苗病，每亩净秧板落谷量 30 千克左右。1 叶 1 心和 3 叶 1 心期分别施好断奶肥。

适时移栽，合理密植：一般 6 月中旬移栽，秧苗苗龄控制在 30～35 天。每亩栽插 2 万～2.5 万穴，每穴 3～4 苗，每亩基本苗 7 万～8 万，高峰苗控制在 32 万左右。

科学肥水管理：每亩大田总施氮量应在 18～20 千克，基蘖肥与穗肥比为 6∶4，重施促花肥，看苗施好保花肥，注意增施磷、钾肥。水浆管理前期应浅水勤灌促早发，中期干干湿湿强秆壮根，后期湿润灌溉，活熟到老。

病虫草害防治：应根据植保部门的预测预报及时防治好稻蓟马、稻飞虱、螟虫及纹枯病、稻瘟病、稻曲病等病虫害。

2. 武香粳 14　武香粳 14 为大穗型品种，栽培策略宜在保持适宜穗数的基础上，主攻大穗夺高产。一般 5 月底、6 月初播种（移栽田 5 月 15 号左右播种）。播种前采用浸种灵浸种，防治恶苗病。武香粳 14 分蘖中等偏强，早发性好，容易够苗。移栽田：坚持宽行窄株栽插，适宜的株行距为 13 厘米×25 厘米，亩插 1.75 万穴左右，基本苗 6 万左右，高峰苗 25 万，每亩有效穗 19 万～20 万。直播田基本苗控制在 10 万左右，高峰苗控制在 40 万以下，每亩有效穗为 23 万左右。

配方施肥，科学运筹：武香粳 14 号的肥料试验结果表明，亩产 700 千克以上一生需纯氮 19～20 千克/亩，前、中、后期比例为 5.5∶1∶3.5，N∶P_2O_5∶K_2O 比例为 1∶0.3∶0.3～0.5。具体肥料运筹：基肥碳酸氢铵 20～25 千克、复合肥 25 千克；分蘖肥尿素 5～6 千克；长粗肥氯化钾 10～15 千克，或复合肥 12.5 千克；穗肥分两次施用，促花肥∶保花肥为 6∶4，促花肥在倒 3～4 叶施尿素 6 千克/亩＋复合肥 10 千克/亩，保花肥在倒 1～2 叶施尿素 5 千克/亩。

重施穗肥，主攻大穗。在穗肥中要搭配施用磷、钾肥，提高养分运转率，延长功能叶寿命。

加强水浆管理：前期促早发，够苗即搁田，通过分次搁田控制高峰苗，达到适群体、壮个体，后期实行间隙灌溉，保持田间湿润，养根保叶，活熟到老。

及时防治病虫害：在抓好常规病虫害防治的同时，重点要防治好条纹叶枯病，后期要注重防治好稻曲病、穗颈稻瘟病。

3. 南粳 41 适期播种，培育壮秧。淮北稻区作一季中稻种植以 5 月上中旬播种为宜，苏中及宁镇扬丘陵稻区 5 月中旬播种。每亩用种量一般 2.5～3 千克，直播稻每亩用种量 4 千克。

建立合理群体结构，扩行减苗。大田生产一般株行距 13 厘米×23～29 厘米，基本苗 7 万～8 万/亩，栽后 20～25 天达到预期穗数。最高苗控制在 30 万～32 万/亩左右，有效穗 23 万～25 万/亩。

南粳 41 属需肥量大、吸肥力高的穗粒并重型品种。试验示范结果表明，全生育期施 300 千克/公顷纯氮处理产量 10 100 千克/公顷，比施用 270 千克/公顷纯氮的处理增产 3.45%，比施 345 千克/公顷纯氮处理减产 0.276%。因此，南粳 41 全生育期纯氮总用量为 300 千克/公顷左右，N∶

P∶K为1.0∶0.4∶0.6。前后期氮肥用量比例为基肥与穗肥的比例以及穗肥中促花肥与保花肥的比例都为6.5∶3.5；齐穗后看苗情适时增施粒肥；磷、钾肥全部作为基肥一次性施入。肥料运筹上应采取：①重肥促分蘖；②早施穗肥，保蘖争大穗。一般土质条件下，亩产650千克，总施氮量应在18～20千克/亩。基蘖肥与穗肥比例掌握在6∶4。

水浆管理：掌握浅水栽秧、薄水分蘖的原则，孕穗至扬花期保持浅水层，齐穗后干湿交替，收割前一周脱水。

病虫防治：用线菌清、施保克等药剂浸种防治恶苗病。稻瘟病因各地生理小种不同，应加强防治。一般在破口期至抽穗期用三环唑等药剂防治稻瘟病1～2次。其他病虫害防治同常规粳稻。

4. 宁粳1号　南京农业大学农学院、扬州大学农学院近年来对宁粳1号的高产栽培技术进行了系统研究，结合各高产栽培示范片技术资料和大面积种植经验总结，按照超级稻、超高产栽培要求和本品种特征特性，栽培目标为亩产750千克，每亩总颖花数3 000万，亩有效穗22万，每穗粒数135粒，结实率90%以上，千粒重28克。高产途径的重点是在稳定穗数的基础上主攻大穗。具体措施如下：

适期早播：宁粳1号感光性较强，江苏沿江及苏中地区稳定在9月初抽穗，10月20日前后成熟，迟播会缩短营养生长期，不利于大穗高产。应尽可能在不延长秧龄的情况下适期早播，在5月上旬能早则早。

培育壮秧：秧田每亩用种量25～30千克，注重秧田土壤的熟化培肥，施足基肥，早施断奶肥，增施接力肥，培育适龄双蘖壮秧。

合理密植：6月上中旬移栽，宽行窄株，行距25厘米，每亩1.8万穴左右，每亩基本苗6万左右。早播早栽适当稀植，迟播晚栽适当密植。

科学用肥：每亩目标产量600千克以上，兼顾到优质、高产及品质改善，大田需施纯氮18～20千克/亩，氮、磷、钾比例为1∶0.5∶0.5，其中，基肥施用应大力提倡秸秆还田，有机肥占氮肥总量达20%以上。人工栽插大田氮肥中基蘖肥和穗肥的比例为7∶3，磷、钾肥基蘖肥和穗肥的比例为7∶3。在中期稳长的基础上，促花肥适当前移，施用量占穗肥总量的60%～70%，达到攻大穗的目的；看苗施好保花肥，施用量占穗肥总量的30%～40%，以提高结实率和千粒重。根据机插水稻不同产量水平调查研究，群众反映机插稻中后期要比常规栽插多施肥，即前期吸N量少，中期吸N量大，且随着产量的提高，中期吸N量更多，说明机插稻应前N中移，适当增加后期施N比重，即大田总用氮量与常规栽插相仿，氮肥中基蘖肥和穗肥比例为6∶4，其中，氮肥30%和钾肥50%作基肥；分蘖肥分两次追施，栽后5～7天追10%氮肥作返青肥，7天后再追20%氮肥作分蘖肥；搁田期间落黄严重的田块，结合灌跑马水，补施5%～10%的氮肥，增施20%的钾肥，以促进水稻平稳生长，提高成穗率；穗肥以氮肥总量40%左右为宜，可视田间长势作适当增减。

5. 宁粳3号 宁粳3号抗倒性强，需肥量较高，产量为650千克/亩的合理施氮量为18.0千克/亩左右，氮、磷、钾比例为10∶3∶5，磷肥全部作基肥施用，钾肥50%作基肥，50%作拔节肥田。

机插秧：机插秧氮肥运筹为基肥∶蘖肥∶穗肥为2∶4∶4，基肥施高浓度复合肥25.0千克/亩。机插水稻秧苗小，大田有效分蘖期较长，分蘖肥宜分3次施用。第一次在栽后活棵时施，每亩施尿素 5.0 千克；第二次在第一次后 5～7 天施，每亩施尿素 7.0 千克；第三次在第二次施后间隔 7 天施，每亩施尿素 4.0 千克。拔节期每亩施氯化钾 7.5 千克；7 月下旬施促花肥。机插时坚持薄水移栽。插后寸水活棵，活棵至有效分蘖临界叶龄期实行浅水勤灌。秸秆还田的田块，期间适当脱水爽田 2 次，每次 2～3 天，然后实行浅灌。够苗后分次搁田，轻搁多次搁。孕、抽穗期保持水层，灌浆结实期干湿交替，收获前 10 天断水。

塑盘抛秧：塑盘抛秧氮肥运筹为基肥：蘖肥：穗肥为 8：5：7。基肥每亩施 BB 肥 20～25 千克加尿素 5～7 千克。抛后 4～5 天活棵立苗后每亩施尿素 6.5 千克；抛后 15 天左右，对叶色淡、发苗慢的田块，加追尿素 4.5 千克/亩促进有效分蘖；促花肥在叶龄余数 3.0～3.5 时施用，每亩施尿素 10 千克加氯化钾 7～10 千克，叶色深，群体大的田块可少施或不施；保花肥在叶龄余数 1.0～1.2 时施，每亩施尿素 5～6 千克。抛栽时田间湿润无水层，抛后至活棵前保持田间湿润，活棵后浅水促蘖，自然落干后再上浅水。秸秆还田的田块：期间适当脱水搁田 2 次，每次 2～3 天，然后实行浅灌。当苗数达到穗数苗时，开始脱水轻搁田，通过多次轻搁控制群体。孕、抽穗期保持水层，灌浆结实期干湿交替，收获前 10 天断水。

肥床旱育稀植：麦收后及时耕翻晒垡，上水后旋耕耙地，平整大田。肥床旱育稀植，基肥：蘖肥：穗肥为 4：2：4。每亩施有机肥 1 500 千克以上或菜子饼 50 千克、复合肥（8：8：9）40 千克、碳酸氢铵 20 千克。栽后 5～7 天施分蘖肥，每亩施尿素 8.0 千克；叶龄余数 3.5 叶后施穗肥，其中，促花肥每亩施尿素 10 千克、氯化钾 10 千克、保花肥每亩施尿素 6 千克左右。移栽期间保持田间薄水，分蘖期浅水勤灌，够苗后及时多次轻搁田。孕、抽穗期保持水层，灌浆结实期干湿交替，收获前 10 天断水。

（三）长江流域主栽杂交粳稻品种需肥特性

常优 1 号　适期播种，培育壮秧，5 月 20 日左右播种，大田用种量 1.25～1.5 千克/亩，秧龄 25 天左右，做好药剂浸种和病虫害的防治，坚持稀播精管培育多蘖壮秧。

合理密植：行株距 26 厘米×13 厘米，亩栽 1.5 万～1.7 万穴，单本栽插，基本苗 6 万～7 万，高峰苗控制不超过 26 万，成穗率 72%～75%。

肥、水、药运筹：宜掌握前促、中控、后酌的原则，全生育期总用肥量宜掌握标准肥 80～90 千克/亩。要求亩施基肥碳酸氢铵 25 千克加复合肥 25 千克、促蘖肥尿素 10 千克、保蘖肥复合肥 20 千克，中期亩施 7.5 千克氯化钾作长粗肥，不施、酌施穗肥，水浆管理上做到浅水移栽，深水活棵，分蘖期保持浅水层，力争二次搁田，后期保持田间湿润。全生育期对病、虫、草进行防治，重点防治螟虫、稻曲病等为害。

三、东北地区中稻品种的需肥特性

东北地区的生态条件有利于粳稻生产，东北水稻历来以高产、优质著称于世。目前全国粳稻种植面积为 1.1 亿亩，其中东北稻区为 4 710 万亩，占 42.8%。在全国水稻生产中，东北稻区的种植面积虽小，但由于产量潜力大、米质优、商品率高，销售前景广阔，因此在稳定东北粮仓地位和保障我国粮食尤其是“口粮”安全方面，具有举足轻重的地位与作用。中稻品种在东北主要分布在辽东半岛地区，近些年来的主栽品种主要有辽粳9号、盐丰47、沈农265、辽优1518、通95-74、延粳23、吉粳83、吉粳94、空育131、垦稻10号、松粳8号、龙粳12、五优稻1号。

1. 辽粳9号 辽宁省农业科学院稻作研究所选育的水稻新品种，于2003年通过辽宁省品种审定委员会审定。该品种具有高产、优质、抗病、综合性状好、适应性广等特点，深受广大农民朋友的欢迎。2004年种植面积迅速扩大，已跃升为辽宁省的主栽品种。

辽粳9号属中晚熟品种，生育期158～160天。幼苗淡绿健壮，根系发达，抗青枯病、立枯病能力较强，插秧后缓苗快。理想株型，抗倒伏。株高110厘米左右，平均穗长17.6厘米，每穗成粒100～110粒，千粒重25.6克，刚出穗时稍有不齐，后期穗位整齐一致。米质晶莹透明，适口性好。辽粳9号具有较强的增产潜力，2000年品种比较试验比辽粳454品种增产12.8%；2001—2002年省水稻区试平均产量572千克/亩。2001—2004年全省累计种植400多万亩，一般亩产650～700千克，最高亩产845千克。

水肥管理方面要求施足底肥，重施蘖肥和巧施穗肥。一生总施肥量氮肥（以硫酸铵计）每亩55～60千克、磷肥（磷酸二铵）10～15千克（或过磷酸钙50～55千克）、钾肥10～15千克。水的管理要求做到带水插秧、寸水缓苗、浅水分蘖、有效分蘖末期适当晒田，后期干干湿湿间歇灌溉（盐碱地除外），即满足生理用水，又满足生态需要。

2. 盐丰47 辽宁省盐碱地利用研究所选育。亲本来源：AB005S//丰锦/辽粳5号，品种来源：AB005s、丰锦、辽粳5号等群体育种。

特征特性：该品种属粳型常规水稻。在辽宁南部、京津地区种植，全生育期157.2天，比对照金珠1号晚熟1.4天。株高98.1厘米，穗长16.5厘米，每穗总粒数129粒，结实率85.1%，千粒重26.2克。抗性：苗瘟5级，叶瘟4级，穗颈瘟5级。主要米质指标：整精米率66.2%，垩白率15.5%，垩白度2.8%，胶稠度81毫米，直链淀粉含量15.3%，达到国家优质稻谷标准二级。

产量表现：2004年参加金珠1号组品种区域试验，平均亩产664.5千克，比对照金珠1号增产6.9%（极显著）；2005年续试，平均亩产635.6千克，比对照金珠1号增产13.1%（极显著）；两年区域试验平均亩产650.1千克，比对照金珠1号增产9.9%。2005年生产试验，平均亩产638.4千克，比对照金珠1号增产7.5%。

栽培要点：①育秧：辽宁南部、京津地区根据当地生产情况与金珠1号同期播种，播种前种子必须浸种消毒，旱育苗每平方米播种量250克，盘育苗每盘用种量70克，做到稀播壮秧。②移栽：旱育苗秧龄45天开始插秧，盘育苗秧龄35～40天开始抛插；行株距一般30厘米×16.5厘米，每穴3～4粒谷苗。③肥水管理：一般亩施纯氮12～14千克，有机肥和化肥配合施用，化肥氮、磷、钾肥要配合施用，最理想施用比为2∶1∶1。水分管理：做到浅水栽秧，深水护苗，薄水分蘖，够苗晒田，后期不脱水过早。④病虫防治：注意稻水象甲和二化螟的防治，病害以防治稻瘟病为主，个别地区注意同时防治条纹叶枯病和纹枯病。审定意见：该品种符合国家稻品种审定标准，通过审定。该品种熟期适中，产量高，米质优，中感稻瘟病。适宜在辽宁南部、新疆南部、北京、天津稻区种植。

采用平衡施肥技术，做到有机肥与无机肥配合使用。平衡施入无机氮、磷、钾及微肥，无机氮、磷、钾施用比例为1.0∶0.5∶0.8～1.0。精确定量施入氮肥，氮肥施用量为18～22千克/亩，其中底肥占15%～25%、蘖肥占50%～60%、穗肥占20%～30%；磷肥分为底肥50%、二次蘖肥50%；钾肥分为二次蘖肥67%、穗肥33%。另外，有机肥500～750千克/亩、复合微肥2千克/亩与底肥同期施入。基施氮肥用长效尿素取代普通尿素，并与机械整地相结合，实现全层施入。

3. 沈农265 超级稻沈农265是沈阳农业大学培育的水稻新品种，属于中熟粳型常规稻。生育期158天，穗型直立，株高100～105厘米，每穗120～150粒，千粒重26克。抗穗颈瘟病，抗倒伏，不早衰。该品种适宜在辽宁的开原南部、铁岭、沈阳、辽阳、鞍山及吉林省四平、长春、松原等晚熟平原稻作区种植。本栽培技术主要适用东北地区作中稻种植。4月上旬播种，每平方米播种量300克。每15平方米苗床采用吉新牌壮秧剂1.25千克拌底土250～300千克施用。在2叶1心期追离乳肥，每平方米施硫酸铵50克对水100倍喷浇。送嫁肥，在拔秧前3～4天，每平方米施硫酸铵75克对水100倍，促进发根。要对稗草进行重点防治。

配方施肥总的原则是前促、中保、后补。

底肥：结合整地每亩施农家肥2 000千克或腐熟的鸡粪400千克、磷酸二铵5千克、硫酸钾5千克、尿素7.5千克、锌肥2.5千克。

蘖肥：在6月25日前分3次施入。第一次本着先插先管的原则，5月末左右施肥，每亩施尿素7.5千克或硫酸铵

10 千克；第二次于 6 月 20 日左右施入，每亩施尿素 10 千克、磷酸二铵 5 千克；第三次于 6 月 20 日施入，每亩施尿素 12.5 千克、硫酸钾 5 千克。

幼穗分化肥：7 月 5～10 日当幼穗进入分化期时，每亩施尿素 4～5 千克。

粒肥：应根据水稻长势情况少施或不施，一般每亩施尿素 2～3 千克。

第四章　水稻缺素症状及防治措施

一、水稻缺氮症状及防治措施

氮素供应不足，表现为植株生长缓慢、矮小、叶片细窄、新叶出得慢。同时，缺氮引起叶绿素含量降低，叶面的颜色变淡，呈黄绿色，并且从下部老叶开始逐渐向上发展；严重时，下部叶片呈黄色，甚至干枯死亡。缺氮使水稻营养体生长不良，抽穗早而不整齐，过于早衰、早熟，产量很低。

氮素过剩则引起稻株贪青徒长，植株嫩绿，无效分蘖多，引发多种病虫害。后期易倒伏。

植物养分的主要来源是土壤。我国土壤全氮含量的基本分布特点是东北平原较高，黄淮海平原、西北高原、内蒙古和新疆地区较低，华东、华南、中南、西南地区中等，大体呈现南北较高、中部略低的分布。一般认为，土壤全氮含量<0.2%时，作物即有可能表现缺氮。据调查，我国大部分耕地的土壤全氮含量都在0.2%以下，这就是为什么我国几乎所有农田都需要使用化学氮肥的原因。

我国农田相对严重缺氮的土壤主要分布在西北和华北地区。如果把土壤全氮含量等于0.075%作为严重缺氮的界限，严重缺氮耕地面积超过一半的有山东、河北、河南、陕西、新疆 5 个省、自治区。

我国耕地在大部分缺氮的情况下，局部耕地由于人为因素大量施用氮肥，造成氮素过剩，特别是氮、磷、钾及其他中量和微量元素的不均衡施用，造成水稻肥料吸收不平衡，也会显现氮素过量的症状。

一般每生产 1 000 千克稻谷需氮素 15～19 千克、五氧化二磷 8～10 千克、氧化钾 18～38 千克，三者比例约为2∶1∶3。水稻各生育时期对养分的吸收，以幼穗分化至出穗的吸收量为最多，约占总量的 50%；移栽至分蘖期次之，约占 35%；出穗以后吸收量较少，仅占 15%左右。这些养分大约 2/3 来自土壤基础肥力，1/3 来自当季施入的肥料。新开垦的农田、瘠瘦田、保水保肥能力差的田等，施入稻田的肥料能为当季水稻利用的也只是其中一部分。以化肥的利用率为例，一般氮肥为 30%～45%，磷肥为 10%～25%，钾肥为 40%～70%。

对缺氮的禾苗，可用氮、磷肥或氮、钾肥混合点穴或塞穴；对缺钾的禾苗，可用氮、钾肥混合点穴或塞穴；对缺磷的禾苗，可用氮、磷肥混合点穴或塞穴。

二、水稻缺磷症状及防治措施

磷素供应不足，植株内糖类积累增加，形成较多的花青素。水稻秧苗返青后缺磷稻田，稻株生长明显减缓，叶片细瘦，直立不下披，严重时叶片沿中脉稍呈卷曲折合状，叶色暗绿，无光泽，稻丛呈簇状，矮小瘦弱，根成橘黄色，病株不分蘖或很少分蘖。成熟迟，每株穗数少，结实率低，千粒重下降，产量锐减。

酸性水田以缺磷为主，主要是由于磷被氧化铁所闭蓄，被闭蓄的磷酸量可达无机磷总量的40％～70％，这种磷酸铁的有效性极低。石灰岩地区的冬水田，土壤有效磷含量低，钙含量高，pH高，如冬季干田，则促使磷素的化学固定，明显地降低了磷素的活化能力，缺磷的影响更加严重。

我国耕地土壤速效磷（P）含量＜5毫克/千克的严重缺磷面积占50.5％，含量5～10毫克/千克需要施用磷肥的面积占31％，其中又以黄淮海平原和西北地区土壤缺磷比较严重，施用磷肥有良好的效果。稻秧缺磷发僵一般多发生于红壤或黄壤水田，这类土壤本身含磷低；还有冷水田、高山水田和还原性强的水田，由于低温和还原条件的影响，水稻对磷的吸收代谢功能很弱，也易表现缺磷。

对于红、黄壤田，要增施磷肥，尤以钙镁磷复合肥为好。可用钙镁磷肥拌种、撒施秧田或插秧时蘸秧根，或插后几天追施磷肥，对缺磷僵苗可喷洒浓度为0.2％的磷酸二氢钾溶液。对冷水田、高山水田，主要是提高土壤温度，增强根系活力，增强植株吸收磷素的能力。可通过排除低温积水和实行浅灌、勤灌以及多次露、晒田提高土温，并可适当施用石灰及草木灰等。

三、水稻缺钾症状及防治措施

水稻缺钾，从下位叶开始出现赤褐色焦尖和斑点，并逐渐向上叶位扩展，严重时田间水稻叶面发红似火燎状。株高降低，叶色灰暗，抽穗不齐，成穗率低，穗小，结实率差，籽粒不饱满。

由于栽培季节、品种类型和土壤条件不同，缺钾还会出现以下 3 种症状或病害：第一种是返青分蘖期发生的缺钾性赤枯病，或称青铜病；第二种是缺钾性褐斑病；第三种是缺钾性胡麻叶斑病。

过去我国长期施用有机肥料和草木灰，由此每年土壤中钾素得到补充，加之土壤钾含量较氮、磷丰富，故以往施用钾肥虽较少，却不表现缺钾。近 30 年来，由于作物单位面积产量不断提高，氮、磷的消耗量增加，以及有机肥用量的减少，不少地区作物出现了缺钾症状。我国缺钾土壤已从南方沿海地区扩大到东北三省，约有 70%的农作物耕地缺钾，已成为制约我国农业生产水平提高的重要因素。土壤缺钾主要由 3 个方面的因素造成：一是土壤本身排水不良或排水过度，pH 很高或很低；二是气候条件方面，降水量高的地区，从湿润突然变为干旱或始终高湿度；三是管理方面，氮、钙和镁肥施用过量，从田间取走作物残体和新鲜有机肥施用过量。

一般腐殖质少的砂质浅脚田块和岗旁红壤底肥田块，每亩施用 15 千克左右的氧化钾，较肥的田块每亩施用 10 千克左右。同时要注重测土配方施肥以及水分、植保等管理措施配套。一般钾肥宜作底肥施用。对表现缺钾的禾苗，可用氮、钾肥混合点穴或塞穴。

四、水稻缺锌症状及防治措施

水稻缺锌引起的症状称“红苗病”、“火烧苗”。插秧 15～30 天后，植株下部叶片上沿主脉出现失绿条纹，枯萎不发棵，叶片上出现棕色锈状斑点，呈圆形或卵圆形，严重时叶中脉变白色。新抽出的叶片基部失绿、褪色，继而全部失绿。稻株顶端生长受抑制，中部叶片出现棕色斑点，逐渐形成棕色条纹，叶尖向下变褐焦枯。幼叶发病基部褪绿，使叶片展开不完全，出现前端展开而中后部折合、出叶角度增大的特殊形态。严重时叶枕距平位或错位，老叶叶鞘甚至高于新叶叶鞘，称为“倒缩苗”或“缩苗”。如症状持续到成熟期，植株极端矮化，色深，叶小而短似竹叶，叶鞘比叶片长，拔节困难，分蘖松散呈草丛状，成熟延迟，穗虽能抽出但纤细，大多不实。水稻缺锌后，植株矮小，不分蘖或少分蘖，生长参差不齐，出叶周期延长，叶尖向内卷曲，老叶不垂，根系短小，发育迟缓，生长势不旺，叶片周围成橘黄色，容易“坐蔸”。成熟期延迟，使产量大幅度下降。

水稻对锌的需要量很小，与氮、磷、钾相比，属于微量元素。由于长期单一施用化肥，加之水土流失，致使许多田块缺锌现象越来越明显，应引起重视。

近年来，由于大量施用氮、磷、钾化肥，而施用有机肥逐渐较少，土壤中微量元素含量愈来愈缺乏，不仅严重影响农作物产量，而且造成农产品品质下降。

易发生缺锌的稻田主要集中在土壤 pH 过高、通气不良、土壤中碳酸钙含量过高的盐碱地。另外，施用磷肥过多、早春土壤温度太低等可造成锌的利用效率降低，影响水稻根系吸收，导致缺锌症的发生。其他如全锌含量低的砂质土壤、中性或碱性土壤，尤其是石灰性土壤、细黏粒和粉粒含量高的土壤、有机磷含量高的土壤、一些有机土和平整土地或受风蚀或水蚀而露出的底土，都是常见的缺锌土壤。

改良土壤结构，降低地下水位，排除冷水。多施酸性肥

（如硫酸铵等），以降低土壤的 pH。增加厩肥和土杂肥，以改良有机质含量低的水田。锌肥的使用方法有：

1. 做底肥 插秧前耙田时做底肥施入锌肥。一般每亩施硫酸锌 1～1.5 千克，砂质土壤每亩施 1～1.2 千克，黏质土壤每亩施 0.8～1 千克。底肥施 1 次，可使 2～3 茬作物不会缺锌。每亩施 1 千克硫酸锌做底肥，能使水稻单位面积产量增长 8.8%，且能大大提高稻米品质。

2. 磷、锌肥配施 磷、锌肥配合使用能促进水稻吸收能力，提高秧苗的抗逆性，预防早稻田因气温低等原因发生的僵苗现象。一般在水稻插后活蔸 7～8 天，每亩施锌、磷（1∶10）混合肥 1 千克左右，能大大提高产量，改善米质。

3. 苗床施锌 移栽前 1 天，每平方米苗床用大眼壶喷施 40 克硫酸锌，然后用清水洗苗。

4. 移栽时蘸秧根 每亩大田用硫酸锌 0.5 千克，加 10～20 倍过筛干猪粪粉，用水调成糊状，随蘸秧根随插秧。

5. 做面肥撒施 水稻整地移栽时，可将硫酸锌撒施田间做面肥，每亩施用 1 千克。

6. 移栽后追肥 插秧后秧苗成活时追肥，每亩施肥量 1～1.3 千克。

7. 叶面喷施 可用 0.2%～0.3%的硫酸锌溶液进行叶面喷施，每亩稻田用肥液 50～60 升，一般可喷施 2 次，间隔 4～6 天。喷肥宜在无风、晴天的上午 8～10 时或下午 4 时后进行。

五、水稻缺铁症状及防治措施

水稻缺铁，下部叶片能保持绿色，而嫩叶上呈现失绿症。叶脉间断失绿，出现棕褐色小斑点，严重时斑点连成条状，扩大成斑块，呈条纹花叶，症状越近心叶越明显，严重时心叶不出，植株生长不良，矮缩，生育延迟，以致不能抽穗。

一般认为植物内金属元素（例如钼、铜、锰）间的不平衡容易引起缺铁。另外，土壤含磷过多、pH 偏高、石灰多、冷凉或重碳酸盐含量高等多种因素均会导致缺铁。

在酸性土壤环境中，植物吸收铁的有效性高，不易发生缺铁现象，而在碱性石灰质土壤环境中，植物吸收铁的有效性很低。这是因为铁元素存在两种化合价，即高铁（Fe^{3+}）和亚铁（Fe^{2+}，有效铁），在植物体内高铁占优势，并且很容易被还原为亚铁，但植物从土壤中不能吸收高铁，当土壤的 pH 高时高铁多，植物不能吸收，因此，在碱性石灰质土壤中生长的植物常常出现缺铁失绿症。我国华北平原、内蒙古草原和甘肃、青海的碱性石灰质土壤普遍缺铁。土壤湿度高、土壤温度低或大量施用磷肥也常引起缺铁。

喷施硫酸亚铁有一定效果，但对施用技术要求较高。叶面喷施壮阳宝 600～800 倍液，2～3 天后秧苗转绿；重病，每隔 3～5 天喷施 1 次，连续喷施 2～4 次，也可在播种前施入土壤，兼有预防立枯病的作用。另外，在苗床培肥整地时（播种前 1 个月左右）施入硫黄粉，起到一定的防治效果。

六、水稻缺钙症状及防治措施

水稻缺钙症状先发生于根及地上幼嫩部分。植株生长很差，茎和根尖的分生组织受损，根尖细胞腐烂、死亡，植株矮小呈未老先衰状。幼叶卷曲且尖叶有黏化现象，叶缘发黄，逐渐枯死。定型的新生叶片前端及叶缘枯黄，老叶仍保持绿色，结实少，秕粒多。诊断时应注意以下几点：①缺钙与缺硼的某些症状相似，如都有生长点、顶芽与根尖枯萎死亡，嫩芽与新叶扭曲、变形等，容易混淆，需注意辨别。但缺硼叶片及叶柄变厚、变粗、变脆，内部常产生褐色物质，而缺钙无此症状。②植株分析诊断。植株含钙差异颇大，一般双子叶植物如十字花科、豆科等植物含量显著高于单子叶禾本科植物。③土壤诊断。南方淋溶的强酸性低盐基土壤易缺钙。一般认为代换性钙小于50～60毫克/千克土时，作物可能缺钙；在钙质土壤中也常发生缺钙，是由于土壤盐类浓度过高抑制了对钙的吸收引起。因此，在土壤诊断中要注意盐类浓度的检测，结合植株含钙状况综合分析，做出正确判断。

植物缺钙往往并不是土壤缺钙，而是由于植物体内钙的吸收和运输等生理功能失调而造成的。我国土壤的全钙含量不同地区差异明显，高温多雨湿润地区，不论母质含钙多少，在漫长的风化成土过程中，钙受淋失后含钙量都很低，如红壤、黄壤的全钙含量在4克/千克以下；而在淋溶作用弱的干旱、半干旱地区，土壤全钙含量通常在10克/千克左右，一般不缺钙。

1. 施用钙肥 酸性土壤缺钙，可施用石灰，即提供了钙营养，又中和了土壤酸性。对于中性、碱性土壤，鉴于原因都出于根系吸收受阻，土壤施用无效，应改用叶面喷施，一般用0.3%～0.5%氯化钙液连喷数次。

2. 控制肥料用量 由于大量施用氮、钾肥，土壤溶液浓度增高，抑制了作物对钙的吸收，铵态氮肥尤其如此。因此，控制用肥，防止土壤盐类浓度过高，是防治水稻缺钙的基本措施。

3. 防止土壤干旱 高温干旱而土壤溶液浓缩，尤其是在作物需钙较多的时期，如遇干旱极易诱发缺钙，应及时灌溉。

第五章 中稻测土配方施肥技术

一、中稻测土配方施肥的意义与作用

（一）测土配方施肥定义

测土配方施肥是根据土壤养分供应状况，水稻需肥特点和肥料效应，按照水稻产量目标和肥料的特性在水稻生产前确定施肥方案，即施肥总量、施肥结构、施肥时期和施肥方法。目的是通过科学施肥提高水稻产量，改善稻米的品质，减少不合理施肥带来的环境污染、资源浪费等问题，从而使稻农稳定增收，农业可持续发展。

测土配方施肥简单地讲包括3个方面：一是测土，取土样测定土壤养分含量；二是配方，经过对土壤的养分分析，按照农作物需要的营养“开出肥方、按方配肥”；三是施肥，就是按照农业科技人员指导的方法把配方肥在不同时期、利用适宜的方法施到土壤中去。

（二）测土配方施肥的作用

近些年来，在水稻施肥方面，各地坚持运用测土配方施肥科研成果与群众施肥经验相结合，促进了水稻增产和稻米品质的改善。其主要作用如下：

1. 提高农业综合生产能力，促进粮食稳定增产，农民持续增收，社会和经济效益显著　开展测土配方施肥，通过对土壤养分测定，发现水稻土壤的有机质含量不高，土壤磷含量有增加的趋势，土壤钾含量仍然缺乏，某些中、微量元素有一定程度的缺乏。根据土壤养分检测情况和水稻的需肥规律，通过发放配方施肥卡，指导农户合理施肥。据各省（自治区、直辖市）调查，实施测土配方施肥后，水稻增产5%～15%，最高增产20%以上。2005—2009年江苏省推广水稻测土配方施肥面积8 807.94万亩次，亩均增产29.2千克，新增产值66.87亿元，明显地提高了农业综合生产能力，促进了粮食稳定增产。

2. 提高肥料利用率，减少肥料施用量，节约了农民种地生产资料的投入成本　在整个水稻农用生产资料的投入中，肥料大约占到了50%，在保障产量的情况下合理减少肥料的投入量是农民降低生产成本的重要措施。开展测土配方施肥，能明显提高肥料的利用率，减少肥料的施用量，有效降低农民生产资料的投入成本。据江苏省统计，2005—2009年水稻推广单季稻测土配方施肥比常规施肥亩节约氮素2～3千克，氮素利用率提高8.7个百分点，平均减少肥料投入10%以上。

3. 提高了农民科学施肥的技术水平，改变了农民传统的用肥习惯，施肥品种、用量和方法趋向合理　通过测土配方施肥，可以改变农民一些传统的施肥误区，也带去了很多新的知识，如深耕深施、肥料鉴别、抢墒播种、引种、防病等。通过改变农民传统的施肥习惯，调整了作物的施肥比例，增加了中、微量元素和长效肥的施用。例如，辽宁省水稻常规生产中氮、磷、钾的施用比例大约在1∶0.64∶0.2，不少地区存在着不施有机肥和中、微量元素肥料的现象，部分地区出现增肥不增产的现象。通过开展测土配方施肥，2005年，辽宁省水稻生产上将氮、磷、钾施肥比例调整到1∶0.56∶0.38，水稻增产均达10%以上，使农民明白了高产不一定要多施肥，而要合理配比，科学施肥。肥料品种上也从农民习惯的尿素、磷酸二铵等单质肥料转变到长效、复合、多元的配方肥上，增加了有机肥和中、微量元素肥料的施用量，部分地区还增加了肥料长效剂的应用。在耕作、施肥技术上要求深耕、深施，施肥时期要抓住作物的营养临界期和最大经济效益期。

4. 提高了农产品品质，减轻了不合理施肥造成的面源污染，保护了农业生态环境，为实现农业可持续发展提供了土肥技术保障 不合理施肥不仅浪费肥料，限制作物产量的提高，而且会造成土壤理化性质的破坏、土壤营养元素间比例失衡，土壤生产力逐年降低，甚至使地下水受到污染，作物品质下降，严重地影响着人们的身体健康。通过测土配方施肥，实现肥料不同营养元素科学合理搭配，有效地补充了土壤中不足的营养元素，提高了肥料的利用率。增加有机肥料的施用，提高了地力，改善了土壤的理化性质；同时科学合理地施肥减少了多余养分在土壤中的残余量，降低了肥料对土壤、水源和空气的污染，保护了农业生态环境，也为高产、优质的农产品生产提供了保障，为无公害绿色食品生产创造了条件，为农业的可持续发展提供了保证。

二、中稻测土配方施肥基本原理

（一）中稻施肥的肥料效应

随着施肥量的增加，施肥的经济效益逐渐减小，如果过量投入肥料，甚至会造成减产。因此，施肥量必须合理，也就是要掌握最佳施肥量。著名的德国农业化学家李比希深入研究了施肥量和产量的关系：在其他技术条件相对稳定的基础上，随着施肥量的逐渐增加，作物产量也随之增加，但作物的增产量却随施肥量的增加呈递减趋势，与经济学上的报酬递减律相吻合。根据报酬递减律随着施肥量的增加会出现3种情况：第一种是在达到最高产量以前尽管肥料效应在递减，但仍然能增产，是正效应，为合理施肥阶段；第二种是达到最高产量，肥料效应等于零，施肥已不增产，这时的施肥为合理施肥量的上限；第三种是超过最高产量后，肥料效应小于零，此时施肥量的增加不但不增产还会减产，为不合理施肥阶段。施肥要有限度，不总是施肥越多越好，要有经济效益观念，在合理施肥阶段，确定最经济的施肥量。

（二）稻田土壤最小养分与土壤养分的平衡性

水稻的产量受土壤中相对含量最小的某种主要养分所支配，随这种养分的多少而变化。当这种养分缺乏或不足时，其他养分含量虽多，也难于提高水稻产量。当土壤相对含量最小的养分满足了，产量也就提高了。与此同时，另一种营养元素可能成为相对含量最小的养分。最小养分不是固定不变的，而是随着条件的变化而变化的。最经济合理的施肥方案是将水稻所缺的各种养分，按水稻所需比例增加，水稻将会高产，品质也能提高。

由于土壤本身性质的原因或因生产实践中偏施单一肥料，造成土壤中各种营养成分不平衡。而且一个地区的各个田块也同样表现养分之间的不平衡。因此，施肥首先要了解稻田土壤中的最小养分含量。这就要求通过测土方法测定土壤中有效养分的含量，判定各种养分的肥力等级，根据缺乏情况施以某种养分肥料，或者是通过肥料效应试验，从肥料效应回归方程中计算养分系数来判定哪一种养分肥料增产效果更明显，以便采取最适宜的施肥措施，达到土壤养分的平衡。

目前，水稻普遍存在过量施用氮肥、磷肥，钾肥施用太少的情况。部分地区虽然开始重视微量元素的施用，但对硅肥的重视不够，造成水稻早衰、倒伏、病重，产量和品质均有所下降。因此在水稻生产上，要正确运用最小养分含量和养分平衡特点，因地制宜地选择肥料不同种类，有针对性地施肥，确定合理施肥量和不同肥料的配比，达到节肥、增产、增效的目的。

（三）稻田土壤养分消耗与补偿

水稻以不同方式从土壤中吸收矿质养分，使土壤中养分减少，地力逐渐下降。北方稻区多连续种植使土壤贫瘠，应该把水稻取走的养分归还给土壤，以保持生产能力，这种归还主要通过施肥的方式完成。这就是德国著名的农业化学家李比希的养分归还学说。土壤是巨大的养分库，试验表明，水稻产量有55%～80%的养分来自土壤，但不能把土壤看成是取之不尽，用之不竭的“养分库”，只取不予，也就是说，光消耗，不补偿，总有枯竭的一天。为保持土壤养分的携出和输入间的平衡，必须通过施肥补充养分这一措施来实现。通过施肥把水稻吸收的养分归还土壤，使土壤肥力常新而不衰退，能够永久利用，不断生产出高品质的稻谷。

（四）营养元素的同等重要性和不可替代性

水稻所必需的营养元素在水稻体内不论数量多少都是同等重要、不可替代的，这就是所谓的“营养元素的同等重要性和不可替代性”。水稻体内各种营养元素的含量差别可达十倍、千倍、甚至数百万倍，但它们在水稻营养中的作用并没有重要或不重要之分。每种营养元素都有自己的生理功能，是其他营养元素所不能替代的，虽然有些元素能部分地代替另一个必需营养元素的作用，但元素间这种部分的或暂时的代替只在水稻生活周期中某一有限的时间范围内起作用，而且这些代替元素所起的作用也小，至于必需元素在水稻体内所具有的某些生理功能和独特作用是不可完全替代的。在实际施肥中，必需按照水稻营养的需要，根据土壤提供养分的状况，考虑不同种类的肥料配合，才能避免某些营养元素的供需失调，以利水稻的正常生长。

（五）各种因子的综合作用

土壤养分不是影响水稻产量的唯一因子，水稻高产、优质是由影响水稻生育的水分、养分、光照、空气、温度、品种以及耕作条件等各种因子综合作用的结果。在生产过程中，必须满足水稻对有关因子的协调需要。由此可见，测土配方施肥不仅要注意养分的数量、种类和比例，还要考虑水稻生长发育和发挥肥效的其他因子。只有充分利用各项因子之间的综合作用，才能做到用最少的肥料投入，获得最大的经济效益。

三、中稻施肥的营养诊断

（一）水稻土壤养分诊断

1. 土壤样品采集方法

（1）采样时间　水稻土壤样品采集宜选择在水稻收获、下茬作物种植基肥施用前。北方地区在土壤结冻前，最好在10月下旬至土壤结冻前，集中人力、物力完成土壤样品采集。此间，土壤样品能更好地反映土壤的基础肥力状况。北方地区如果在土壤结冻前，完成不了土壤样品采集，应于下年春季土壤化冻后立即组织土壤样品采集。

（2）采样单元及其定位　《农业部测土配方施肥技术规范》规定平均每个土壤样品采样单元为100～200亩（平原区、大田作物每100～500亩采一个混合样，丘陵区、大田园艺作物每3～80亩采一个混合样）。原则上水稻田土壤采样单元代表面积为100～500亩。对于土壤类型单一、管理水平相近的地区土样单元代表面积可适当大些，对于土壤类型复杂、农户管理水平差别较大的地区土样单元代表面积可适当小些。一般单季稻田地势平坦，土壤地力差异小，肥力均匀，只要管理水平相近，测土配方施肥采样单元代表面积以500亩比较合理，便于测土配方施肥技术的实施。为便于田间示范追踪和施肥分区需要，采样集中在位于每个采样单元相对中心位置的典型地块，面积为5亩。

一般通过“三图叠加”在室内确定采样单元，在野外采用GPS定位，记录采样单位的经纬度，精确到0.1″。

（3）采样周期　同一采样单元，每3～5年采样1次，土壤有效态无机氮、有效磷和速效钾一般3年测定1次，中量、微量元素5年测定1次。

（4）采样点数量及深度 采样点数量：由于土壤本身在空间分布上具有较大的不均匀性，需要在同一采样地点做多点采样，再混合均匀。每个采样单元应保证有足够的采样点，使之能代表采样单元的土壤特性。每个样品采样点的多少，取决于采样点单元的大小和土壤肥力情况。水稻田土壤采样点10～15个即可。一般在0.5公顷以下时，采10个样点即可。采样点要随机布设，但不要集中在同一灌溉小区内。采样深度0～20厘米。

采样路线：采样时应沿着一定的线路，按照“随机”、“等量”和“多点混合”的原则进行采样。一般采用S形布点采样，能够较好地克服耕作、施肥等所造成的误差。在地形变化小、地力较均匀、采样单元面积较小的情况下，也可采用梅花形点取样，要避开路边、田埂、沟边、肥堆点、根茬点及局部特殊地形等特殊部位。

采样方法：同一采样单元在每个采样点，用不锈钢取样器垂直向下旋转至20厘米深的土层。反转退出后，用不锈钢刀或竹片将其刮入采样袋内。剔除土壤的侵入体，如作物根系、石块、杂草等，将各点的土壤样品混合均匀。

采样数量：混合土样以取土1千克左右为宜。可用四分法将多余的土壤弃去。方法是将采集的土壤样品放在无污染的盘子里或塑料布上，弄碎、混匀，铺成四方形，划对角线将土样分成4份，把对角的两份分别合并成1份，保留1份，弃去1份。如果所得的样品依然很多，可再用四分法缩分处理，直至所需数量为止。

样品记录：将最后缩分所得的土壤样品装入布袋中，用铅笔填写标签，样品袋内外各一份。并在田间填写好样品记录表。

标签：标签要用铅笔填写，写好后一份放在袋内，另一份系在袋外。标签内容包括样品编号、采样地点、采样时间、采样人等，详见表 5-1。

记录表内所填内容要求准确详细，记录表内容包括样品编号、采样地点、采样地基本情况、采样时间、采样方法、其他内容等。

表 5-1　土壤样品标签样式记录表

统一编码：（和农户调查表编号一致）　　　　邮编：
采样时间：　　年　　月　　日　　时　　分
采样地点：　　省　　县　　乡（镇）　　村　　地块　　农户名
地块在村的（中部、东部、南部、西部、北部、东南、西南、东北、西北）
采样深度：①0～20 厘米　②其他　　厘米　该土样由　点混合（7～20）
经度：　　度　　分　　秒　纬度：　　度　　分　　秒
采样人：　　　　　　联系电话：

2. 土壤供肥能力

（1）稻田土壤供肥能力的影响因素　水稻土的供肥能力是水稻测土配方施肥要考虑的最重要的问题。水稻土受人为灌溉影响的氧化还原过程，以及耕作施肥影响的腐殖质累积与分解、复盐基与盐基淋浴、黏粒的积累与淋失等过程的综合作用，有其特殊的铁、锰活化过程和熟化过程。水稻土因分布范围很广，土壤质地、酸碱度、石灰反应和盐基饱和度等基本性质的差异很大。但较之起源土壤而言，水稻土的盐基饱和度较高，酸碱度更接近于中性，其肥力要高于起源土壤。对水稻土本身而言，肥沃水稻土所占比例并不很大，而低产水稻土估计要占 1/3 左右，改土培肥是水稻土利用中的根本性问题。另外，与其他多数土类不同的是，水稻土土类内部的肥力性质差异很大。在考虑测土配方施肥技术应用时，要把水稻土本身的养分容量指标，即水稻土养分含量指标作为重要施肥依据。同时，也要考虑到水稻土养分释放强度指标，即水稻土提供水稻所需养分的速率等指标，农业生产上要根据土壤性质合理安排各项农业生产措施，对水稻来说尤为重要。这些在水稻土使用化肥时都应予以考虑。

(2) 稻田土壤肥力的主要指标 水稻土的养分含量水平对水稻测土配方施肥影响很大，北方单季稻土壤肥力水平较高，养分含量普遍较高。据辽宁省耕地果园环境质量评价近千个土壤肥力指标测定结果，单季稻土壤有机质含量较高，达 2.26%；全氮含量为 1.31%，中等水平；碱解氮含量氮为 106 毫克/千克，中等水平；有效磷含量为 16.92 毫克/千克，中等水平；有效钾含量为 169.48 毫克/千克，丰富；有效态微量元素含量分别为：铜 3.58 毫克/千克、锌 3.26 毫克/千克、铁 86.47 毫克/千克、锰 34.07 毫克/千克、硼 0.89 毫克/千克，含量均较高；中量元素交换性钙含量达 2 266.60毫克/千克、交换性镁 914.5 毫克/千克、有效硅 454.49 毫克/千克，含量均很丰富。水稻土的酸碱度 pH6.89，为中性。

(二) 水稻植株养分诊断

1. 养分生产率 每形成 100 千克稻谷产量，需要吸收氮（N）1.85～2.40 千克、磷（P_2O_5）0.90～1.30 千克、钾（K_2O）2.10～3.30 千克、硅（SiO_2）10～20 千克。研究表明，硅是水稻必需元素，对水稻有重要作用，可以增强水稻抗逆性，改善稻米品质，进而提高水稻产量。水稻对锌元素反应也较敏感。

2. 养分吸收特点 不同生育时期单季稻对氮、磷、钾主要营养元素的吸收情况不同。从移栽到穗分化的营养生长期中，钾的吸收量较大，占吸钾总量的 31.0%～43.5%，氮次之，为26.9%～36.6%，磷较少，为 15.8%～22.4%；幼穗分化到抽穗的生殖生长期中，养分吸收量显著增加，氮为 47.2%～53.6%，磷为 44.4%～50.9%，钾的吸收已基本完成，为 56.6%～69%，是全生育期中吸肥量最多的时期；抽穗到成熟，氮的吸收显著减少，为 16.2%～19.6%，磷的吸收比较平稳，为 33%左右。生育后期水稻吸收的氮、磷仍在 16.2%～33%之间。所以，要施好穗粒肥，以保证水稻后期对养分的需要。

3. 水稻体内养分浓度指标

（1）水稻体内养分含量指标

①水稻正常生长体内养分含量：茎叶及穗部必须保持达到一定指标要求，见表 5-2。

表 5-2 水稻体内养分含量

营养元素	茎叶中含量（%）	穗中含量（%）
氮	1～4	1～2
磷	0.4～1.0	0.5～1.4
钾	1.5～3.5	0.5～1.0 以下
硅	10～20	
镁	0.5～1.2	含量很低
硫	0.2～1.0	
钙	0.3～0.7	0.1 以下

②水稻体内养分浓度临界指标：水稻在不同生育阶段对

肥料的需求量是不同的。在幼苗期、分蘖期及幼穗分化之前的营养生长阶段，以及幼穗形成之后的生殖生长阶段至成熟期之前，对各种营养元素的需求均有所不同。据 IRRI 测定分析，水稻体内养分浓度临界指标见表 5－3。

表 5－3　水稻缺乏各种营养元素的临界浓度

营养元素	部位	临界浓度（毫克/千克）	营养元素	部位	临界浓度（毫克/千克）
氮	叶片	2.5	铁	叶片	70
磷	叶片或茎秆	0.1	锌	幼苗或茎秆	10
钾	叶片或茎秆	1.0	锰	幼苗	20
硅	茎秆	5.0	硼	茎秆	＜3.4
钙	茎秆	0.15	铜	茎秆	＜6.0
镁	茎秆	0.1			
硫	茎秆	0.1			

（2）水稻营养平衡诊断分级标准　为了更好地掌握水稻测土配方施用技术，应进行营养平衡诊断，其分级标准见表 5－4。

表 5－4　水稻四大营养元素平衡诊断分级标准

氮素植株含量	100 左右	＜150	150～200	＞200	250
（毫克/千克）	缺乏	低量	正常	充足	过剩
磷素植株汁液含量	＜30	30～60	60～90	＞90	
（毫克/千克）	严重缺乏	一般缺乏	可能缺乏	不缺乏	
钾素植株汁液含量	＜750	1 000～2 000	2 000～3 000	＞3 000	
（毫克/千克）	缺乏	中等	充足	十分充足	
硅素土壤含量	＜10.5	10.5～13.0	＞13.0		
（毫克/千克）	缺乏	一般缺乏	不缺乏		

第六章　土壤养分丰缺指标与水稻施肥指标体系

一、土壤养分丰缺指标建立的方法

根据农业部《全国测土配方施肥技术规范》要求，用相对产量法确定土壤磷钾含量丰缺指标。即在县域范围内，选择不同质地、不同磷钾含量的田块进行稻麦“3414”试验或磷、钾单因子试验，获得缺磷（钾）区和全肥区的产量，两者之比定义为相对产量。以相对产量与对应的土壤磷、钾含量进行回归分析，建立土壤磷、钾养分丰缺指标。

“3414”试验设计吸收了回归最优设计处理少、效率高的优点，是目前应用较为广泛的肥料效应田间试验方案。“3414”是指氮、磷、钾3个因素、4个水平、14个处理。4个水平的含义：0水平指不施肥，2水平指当地推荐施肥量，1水平＝2水平×0.5，3水平＝2水平×1.5（该水平为过量施肥水平），参见表6-1。

表6-1　“3414”试验方案处理编号对应表

试验编号	处理	N	P	K
1	$N_0P_0K_0$	0	0	0
2	$N_0P_2K_2$	0	2	2

（续）

试验编号	处理	N	P	K
3	$N_1P_2K_2$	1	2	2
4	$N_2P_0K_2$	2	0	2
5	$N_2P_1K_2$	2	1	2
6	$N_2P_2K_2$	2	2	2
7	$N_2P_3K_2$	2	3	2
8	$N_2P_2K_0$	2	2	0
9	$N_2P_2K_1$	2	2	1
10	$N_2P_2K_3$	2	2	3
11	$N_3P_2K_2$	3	2	2
12	$N_1P_1K_2$	1	1	2
13	$N_1P_2K_1$	1	2	1
14	$N_2P_1K_1$	2	1	1

该方案除可应用 14 个处理进行氮、磷、钾三元二次效应方程的拟合以外，还可分别进行氮、磷、钾中任意二元或一元效应方程的拟合。

例如，进行氮、磷二元效应方程拟合时，可选用处理 2～7、11、12，求得在以 K_2 水平为基础的氮、磷二元二次效应方程；选用处理 2、3、6、11 可求得在 P_2K_2 水平为基础的氮肥效应方程；选用处理 4、5、6、7 可求得在 N_2K_2 水平为基础的磷肥效应方程；选用处理 6、8、9、10 可求得在 N_2P_2 水平为基础的钾肥效应方程。此外，通过处理 1，可以获得基础地力产量，即空白区产量。

试验氮、磷、钾某一个或两个养分的效应，或因其他原因无法实施“3414”完全实施方案，可在“3414”方案中选择相关处理，即“3414”的部分实施方案。这样既保持了测土配方施肥田间试验总体设计的完整性，又考虑到不同区域土壤养分特点和不同试验目的要求，满足不同层次的需要。如有些区域重点要试验氮、磷效果，可在 K_2 做肥底的基础上进行氮、磷二元肥料效应试验，但应设置 3 次重复。具体处理及其与“3414”方案处理编号对应列于表 6-2。

表 6-2 氮、磷二元二次肥料试验设计与“3414”方案处理编号对应表

处理编号	“3414”方案处理编号	处理	N	P	K
1	1	$N_0P_0K_0$	0	0	0
2	2.	$N_0P_2K_2$	0	2	2
3	3	$N_1P_2K_2$	1	2	2
4	4	$N_2P_0K_2$	2	0	2
5	5	$N_2P_1K_2$	2	1	2
6	6	$N_2P_2K_2$	2	2	2
7	7	$N_2P_3K_2$	2	3	2
8	11	$N_3P_2K_2$	3	2	2
9	12	$N_1P_1K_2$	1	1	2

上述方案也可分别建立氮、磷一元效应方程。

在肥料试验中，为了取得土壤养分供应量、作物吸收养分量、土壤养分丰缺指标等参数，一般把试验设计为 5 个处理：空白对照（CK）、无氮区（PK）、无磷区（NK）、无钾区（NP）和氮、磷、钾区（NPK）。这 5 个处理分别是“3414”完全实施方案中的处理 1、2、4、8 和 6。如要获得有机肥料的效应，可增加有机肥处理区（M）；试验某种中

（微）量元素的效应，在 NPK 基础上，进行加与不加该中（微）量元素处理的比较。试验要求测试土壤养分和植株养分含量，进行考种和计产。试验设计中，氮、磷、钾、有机肥等用量应接近效应肥料函数计算的最高产量施肥量或用其他方法推荐的合理用量（表 6-3）。

表 6-3　常规 5 处理试验设计与“3414”方案处理编号对应表

	“3414”方案处理编号	处理	N	P	K
空白对照	1	$N_0P_0K_0$	0	0	0
无氮区	2	$N_0P_2K_2$	0	2	2
无磷区	4	$N_2P_0K_2$	2	0	2
无钾区	8	$N_2P_2K_0$	2	2	0
氮磷钾区	6	$N_2P_2K_2$	2	2	2

通过土壤养分测试结果和田间肥效试验结果，可以建立不同作物、不同区域的土壤养分丰缺指标。“3414”方案中的处理 1 为空白对照（CK），处理 6 为全肥区（NPK），处理 2、4、8 为缺素区（即 PK、NK 和 NP）。收获后计算产量，用缺素区产量占全肥区产量百分数即相对产量的高低来表达土壤养分的丰缺情况。相对产量的高低可根据当地实际情况确定。如农业部推荐采用六级分类法：相对产量低于50％的土壤养分为极低；相对产量 50％～60％（不含）为低，60％～70％（不含）为较低，70％～80％（不含）为中，80％～90％（不含）为较高，90％（含）以上为高，从而确定适用于某一区域、某种作物的土壤养分丰缺指标及对应的肥料施用数量。对该区域其他田块，通过土壤养分测试，就可以了解土壤养分的丰缺状况，提出相应的推荐施肥

量。江苏省结合本省实际，提出了高、较高、中、较低、低和极低 6 个丰缺等级所对应的相对产量分别为≥95%、90%～95%、85%～90%、80%～85%、70%～80%、<70%。通过将全省六大农区中稻的相对产量与土壤养分测定值进行回归分析，建立 $Y=a+b\times \ln X$ 回归方程，计算每一个等级所对应的土壤养分上下限值。由于受气候、品种等因素影响，田间试验结果有一定局限性，计算结果直接作为当地土壤养分丰缺评价标准指导施肥有一定风险。为了防范这一风险，组织熟悉当地情况的土肥、栽培等专业的专家，以试验结果为基础，采用特尔菲法制定土壤磷钾丰缺评价标准，流程如图 6-1。

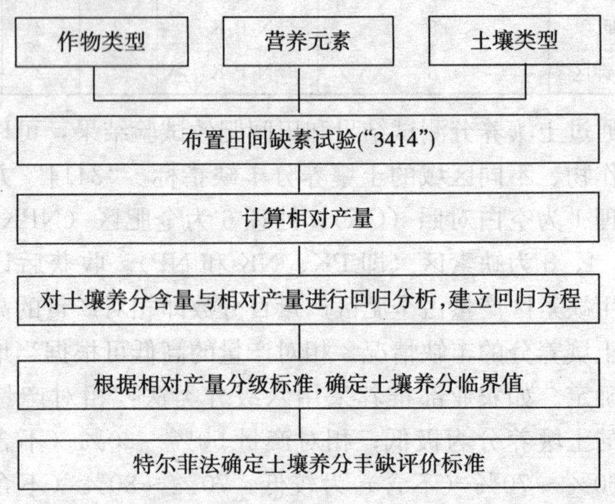

图 6-1 土壤养分丰缺评价标准制订流程图

根据六大农区"3414"肥效试验与土壤养分检测结果，应用相对产量法和特尔菲法，按照土壤养分丰缺评价标准制订流程，建立江苏省中稻土壤有效磷和速效钾含量丰缺评价指标（表 6-4）。

表 6-4　江苏省不同农区水稻土壤有效磷、钾丰缺评价指标

农　区	丰缺程度	相对产量	土壤养分指标（毫克/千克）	
			有效磷	速效钾
徐淮	高	≥95%	≥30	≥190
	较高	90%～95%	20～30	150～190
	中	85%～90%	15～20	100～150
	较低	80%～85%	10～15	70～100
	低	70%～80%	5～10	30～70
	极低	<70%	<5	<30
里下河	高	≥95%	≥30	≥190
	较高	90%～95%	20～30	150～190
	中	85%～90%	12～20	100～150
	较低	80%～85%	8～12	60～100
	低	70%～80%	5～8	<60
	极低	<70%	<5	
沿海	高	≥95%	≥22	≥200
	较高	90%～95%	15～22	130～200
	中	85%～90%	10～15	80～130
	较低	80%～85%	7～10	50～80
	低	<80%	<7	<50
沿江	高	≥95%	≥25	≥150
	较高	90%～95%	15～25	100～150
	中	85%～90%	10～15	70～100
	较低	80%～85%	5～10	50～70
	低	<80%	<5	<50

（续）

农　区	丰缺程度	相对产量	土壤养分指标（毫克/千克）	
			有效磷	速效钾
宁镇扬丘陵	高	≥95%	≥23	≥135
	较高	90%～95%	14～23	100～135
	中	85%～90%	7～14	75～100
	较低	80%～85%	4～7	50～75
	低	<80%	<4	<50
太湖区	高	≥95%	≥25	≥140
	较高	90%～95%	15～25	100～140
	中	85%～90%	9～15	60～100
	较低	80%～85%	6～9	30～60
	低	<80%	<6	<30

表 6-5　江苏省不同农区水稻土壤有效磷、钾丰缺状况评价结果

评价因子	丰缺程度	面积与比例	农　区						
			徐淮	里下河	沿海	沿江	宁镇扬	太湖	全省
有效磷	高	面积（万亩）	384.10	63.22	188.05	57.62	122.82	112.18	927.98
		比例（%）	15.80	6.44	13.60	8.91	13.09	17.29	13.20
	较高	面积（万亩）	421.33	144.69	283.73	158.69	275.75	111.53	1 395.72
		比例（%）	17.31	14.74	20.52	24.54	29.40	17.19	19.85
	中	面积（万亩）	473.90	316.18	522.10	194.08	419.87	191.66	2 117.80
		比例（%）	19.47	32.21	37.76	30.09	44.75	29.54	30.12
	较低	面积（万亩）	598.28	213.31	261.19	209.39	107.34	146.37	1 535.88
		比例（%）	24.58	21.73	18.89	32.38	11.44	22.56	21.84

（续）

评价因子	丰缺程度	面积与比例	农区						
			徐淮	里下河	沿海	沿江	宁镇扬	太湖	全省
有效磷	低	面积（万亩）	513.58	168.45	127.62	26.32	12.39	87.07	935.42
		比例（%）	21.10	17.16	9.23	4.07	1.32	13.42	13.30
	极低	面积（万亩）	42.60	75.68	0.00	0.00	0.00	0.00	118.28
		比例（%）	1.75	7.71	0.00	0.00	0.00	0.00	1.68
速效钾	高	面积（万亩）	170.87	118.88	254.00	41.90	98.33	29.91	713.89
		比例（%）	7.02	12.11	18.37	6.48	10.48	4.61	10.15
	较高	面积（万亩）	276.02	185.53	286.49	153.97	203.41	114.32	1 219.75
		比例（%）	11.34	18.90	20.72	23.81	21.68	17.62	17.35
	中	面积（万亩）	709.03	362.81	593.63	237.33	371.55	361.00	2 635.34
		比例（%）	29.13	36.96	42.94	36.70	39.60	55.64	37.48
	较低	面积（万亩）	762.58	270.73	207.82	157.27	232.78	132.94	1 764.12
		比例（%）	31.33	27.58	15.03	24.32	24.81	20.49	25.09
	低	面积（万亩）	498.73	43.78	40.65	56.20	32.18	10.64	682.18
		比例（%）	20.49	4.46	2.94	8.69	3.43	1.64	9.70
	极低	面积（万亩）	16.79	0.00	0.00	0.00	0.00	0.00	16.79
		比例（%）	0.69	0.00	0.00	0.00	0.00	0.00	0.24

据统计（表 6－5），江苏省水稻土壤有效磷含量高、较高、中、低、较低、极低等级的面积比例分别为 13.2%、19.85%、30.12%、21.84%、13.30%、1.68%；土壤速效钾含量高、较高、中、低、较低、极低等级的面积比例分别为 10.15%、17.35%、37.48%、25.09%、9.70%、0.24%。

二、地力差减法推荐氮肥用量

采用地力差减法，即根据实现作物目标产量所需养分量与土壤供应养分量之差作为施肥的依据。通过斯坦福（Stanford）公式计算目标产量下的氮肥推荐用量。其原理是：

$$\text{施氮总量}=\frac{\text{目标产量需氮量}-\text{土壤供氮量}}{\text{肥料中氮素含量}\times\text{氮肥当季利用率}}$$

$$\text{目标产量需氮量}=\text{目标产量}\times\frac{\text{施氮区百千克}}{\text{籽粒吸氮量}}/100$$

$$\text{土壤供氮量}=\text{无氮基础地力产量}\times\frac{\text{无氮区百千克}}{\text{籽粒吸氮量}}/100\text{。}$$

斯坦福方程中的百千克籽粒吸氮量、土壤当季供氮量、氮肥当季利用率 3 个基本参数受作物品种、土壤类型、气候条件、栽培管理方式等影响而有变化，无氮区与施肥区百千克籽粒吸氮量差异较大，必须依据不同地区、不同土壤、不同作物品种和不同栽培管理条件，通过大量试验获取。为此，江苏省每年在水稻主产区布置了大量的无氮基础地力、精确施氮和“3414”等试验，以求得上述 3 个参数的变化规律，精确推荐氮素施用量。计算公式如下：

$$\text{施氮总量}=\frac{\text{目标产量}\times\frac{\text{施氮区百千克}}{\text{籽粒吸氮量}}/100-\text{无氮区产量}\times\frac{\text{无氮区百千克}}{\text{籽粒吸氮量}}/100}{\text{氮肥当季利用率}}$$

江苏省根据 2768 个“3414”试验和 27674 个无氮基础地力试验与精确施氮试验资料统计分析，得出六大农区稻麦土壤供氮量（表 6-6）、百千克籽粒吸氮量及氮肥利用率等施肥参数，应用斯坦福公式计算出氮肥推荐量。

1. 土壤无氮区基础供氮量　根据全省 5 年多点无氮基础地力试验，得出不施氮区水稻与小麦不同地力等级基础供氮量（无氮区百千克籽粒吸 N 量与相应产量之积/100）。

表 6-6　全省水稻不同地力等级土壤基础供氮量

地力等级		低（下等）	中（中等）	高（上等）
不施氮稻谷产量（千克/亩）		325～375 (350±25)	375～425 (400±25)	425～475 (450±25)
黏土	每百千克籽粒吸氮量(千克)	1.7	1.8	1.9
	土壤供氮量（千克/亩）	5.525～6.375 (5.95±0.425)	6.75～7.65 (7.2±0.45)	8.075～9.025 (8.55±0.475)
壤土	每百千克籽粒吸氮量(千克)	1.6	1.7	1.8
	土壤供氮量（千克/亩）	5.2～6 (5.6±0.4)	6.375～7.225 (6.8±0.425)	7.65～8.55 (8.1±0.45)
砂土	每百千克籽粒吸氮量(千克)	1.5	1.6	1.7
	土壤供氮量（千克/亩）	4.875～5.625 (5.25±0.375)	6～6.8 (6.4±0.4)	7.225～8.075 (7.65±0.425)

2. 百千克籽粒吸氮量　江苏省中稻无氮区百千克籽粒吸氮量平均值为 1.82 千克（表 6-7）。从不同农区来看，从高到低分别为：里下河和徐淮农区（2.11 千克）＞沿海农区（1.88 千克）＞太湖农区（1.67 千克）＞沿江农区（1.60 千克）＞宁镇扬农区（1.41 千克）。

表 6-7　不同农区水稻无氮区百千克籽粒吸氮量

农　区	样本数	均值（千克）	极小值（千克）	极大值（千克）	标准差	变异系数（%）
宁镇扬丘陵	61	1.41	1.16	1.86	0.14	9.8
沿江农区	681	1.60	1.01	2.30	0.21	13.0

（续）

农　区	样本数	均值（千克）	极小值（千克）	极大值（千克）	标准差	变异系数（%）
太湖农区	540	1.67	1.09	2.26	0.24	14.6
沿海农区	47	1.88	1.11	3.53	0.45	23.7
里下河农区	256	2.11	1.24	3.11	0.33	15.7
徐淮农区	620	2.11	1.13	4.95	0.98	46.4
总　计	2 205	1.82	1.01	4.95	0.61	33.6

从土壤质地来看（表 6-8），水稻无氮区百千克籽粒吸氮量，黏土（1.90 千克）＞壤土（1.81 千克）＞砂土（1.79 千克）。

表 6-8　不同质地类型水稻无氮区百千克籽粒吸氮量

质地类型	样本数	均值（千克）	极小值（千克）	极大值（千克）	标准差	变异系数（%）
砂土	69	1.79	1.38	2.38	0.23	12.8
壤土	1 726	1.81	1.01	4.94	0.57	31.6
黏土	410	1.90	1.11	4.95	0.79	41.9
总计	2 205	1.82	1.01	4.95	0.61	33.6

从不同土类平均值来看（表 6-9），沼泽土（1.98 千克）＞砂姜黑土（1.93 千克）＞水稻土（1.91 千克）＞滨海盐土（1.88 千克）＞潮土（1.69 千克）＞黄褐土、褐土（1.50 千克）。

表 6-9　不同土类水稻无氮区百千克籽粒吸氮量

土类	样本数	均值（千克）	极小值（千克）	极大值（千克）	标准差	变异系数（%）
褐土	6	1.50	1.34	1.62	0.12	8.2
黄褐土	9	1.50	1.39	1.68	0.11	7.2

（续）

土类	样本数	均值（千克）	极小值（千克）	极大值（千克）	标准差	变异系数（%）
潮土	842	1.69	1.01	3.53	0.27	15.9
滨海盐土	78	1.88	1.24	2.21	0.17	9.0
水稻土	1 229	1.91	1.09	4.95	0.77	40.5
砂姜黑土	38	1.93	1.54	2.35	0.14	7.1
沼泽土	3	1.98	1.70	2.24	0.27	13.7
总计	2 205	1.82	1.01	4.95	0.61	33.6

从不同土壤亚类平均值来看（表6-10），盐化潮土最高（2.03千克），淋溶褐土与黄褐土最低（1.50千克）。

表6-10　不同土壤亚类水稻无氮区百千克籽粒吸氮量

土壤亚类	样本数	均值（千克）	极小值（千克）	极大值（千克）	标准差	变异系数（%）
淋溶褐土	6	1.50	1.34	1.62	0.12	8.2
黄褐土	9	1.50	1.39	1.68	0.11	7.2
淹育型水稻土	5	1.59	1.41	1.82	0.19	12.1
灰潮土	335	1.60	1.01	2.30	0.25	15.9
潜育型水稻土	18	1.62	1.41	1.71	0.09	5.3
脱盐潮土	55	1.68	1.11	3.53	0.41	24.3
潮土	444	1.75	1.13	2.46	0.23	13.3
漂洗型水稻土	70	1.83	1.58	2.05	0.16	8.5
脱潜型水稻土	221	1.84	1.28	3.11	0.37	19.9
潮盐土	78	1.88	1.24	2.21	0.17	9.0
渗育型水稻土	477	1.93	1.09	4.95	0.89	46.2
砂姜黑土	38	1.93	1.54	2.35	0.14	7.1

（续）

土壤亚类	样本数	均值（千克）	极小值（千克）	极大值（千克）	标准差	变异系数（%）
潴育型水稻土	438	1.95	1.13	4.95	0.86	44.1
沼泽土	3	1.98	1.70	2.24	0.27	13.7
盐化潮土	8	2.03	1.71	2.59	0.27	13.5
总计	2 205	1.82	1.01	4.95	0.61	33.6

从不同土属平均值来看（表6-11），水稻无氮区百千克籽粒吸氮量变幅较大，板浆白土最高，达2.46千克，马肝土最低，达1.41千克。

表6-11 不同土属水稻无氮区百千克籽粒吸氮量

省土属	样本数	均值（千克）	极小值（千克）	极大值（千克）	标准差	变异系数（%）
马肝土	40	1.41	1.23	1.66	0.11	8.1
岗褐土	6	1.50	1.34	1.62	0.12	8.2
岗白土	9	1.50	1.39	1.68	0.11	7.2
壤性脱盐潮土	16	1.51	1.25	1.87	0.22	14.4
高砂土	150	1.54	1.01	2.30	0.29	18.9
潮灰土	300	1.59	1.09	2.09	0.22	14.1
黄白土	5	1.59	1.41	1.82	0.19	12.1
油泥土	53	1.61	1.23	1.92	0.15	9.6
烘泥土	18	1.62	1.41	1.71	0.09	5.3
灰泥土	30	1.64	1.29	2.28	0.28	17.1
夹砂土	155	1.64	1.08	2.29	0.19	11.7
黄泥土	280	1.67	1.13	2.26	0.25	14.8
乌栅土	50	1.70	1.53	2.08	0.13	7.9
黄潮土	413	1.74	1.13	2.46	0.23	13.5

（续）

省土属	样本数	均值（千克）	极小值（千克）	极大值（千克）	标准差	变异系数（%）
黏性脱盐潮土	39	1.76	1.11	3.53	0.45	25.5
勤泥土	18	1.78	1.28	2.18	0.23	13.1
缠脚土	30	1.83	1.36	2.15	0.23	12.6
白土	70	1.83	1.58	2.05	0.16	8.5
油淤土	5	1.84	1.73	2.06	0.14	7.4
淀浆土	1	1.85	1.85	1.85	—	—
湖黑土	8	1.85	1.54	2.35	0.25	13.4
勤黏土	107	1.86	1.34	3.11	0.48	25.6
壤性潮盐土	71	1.87	1.24	2.21	0.17	9.0
红砂土	35	1.95	1.37	2.21	0.27	13.6
棕潮土	31	1.95	1.85	2.02	0.03	1.7
岗黑土	30	1.96	1.76	2.10	0.08	4.3
黏性潮盐土	7	1.97	1.71	2.20	0.17	8.7
乌砂土	30	1.97	1.50	2.18	0.19	9.9
草渣土	3	1.98	1.70	2.24	0.27	13.7
乌杂土	16	2.01	1.78	2.65	0.18	9.2
盐性土	8	2.03	1.71	2.59	0.27	13.5
黄杂土	15	2.16	2.00	2.29	0.09	4.0
板浆白土	41	2.46	1.27	3.05	0.32	13.1
总计	2 205	1.82	1.01	3.05	0.61	33.6

全省水稻施肥区，不同产量级差百千克籽粒吸氮量平均值分别如表 6－12。设定的水稻产量级差分别为＞650 千克/亩、550～650 千克/亩和＜550 千克/亩；小麦产量级差分别为＞450 千克/亩 400～450 千克/亩和＜400 千克/亩。

表 6-12 全省水稻施肥区百千克籽粒吸氮量

目标产量	黏土	壤土	砂土
>650（千克/亩）	2.0～2.2（2.1）	2.0～2.2（2.1）	1.9～2.1（2.0）
550～650（千克/亩）	1.9～2.1（2.0）	1.9～2.1（2.0）	1.8～2.0（1.9）
<550（千克/亩）	1.8～2.0（1.9）	1.8～2.0（1.9）	1.7～1.9（1.8）

3. 氮肥当季利用率 根据研究成果，江苏省高产高效栽培条件下，中稻氮肥利用率可以达到36%～42%，不同质地土壤肥料利用率有所差异。从高效利用氮肥角度出发，在推荐氮肥用量时，该省将水稻在黏土和壤土上氮肥当季利用率设计为40%，在砂土上设计为36%。

4. 中稻氮肥推荐用量 依据上述参数，应用斯坦福公式计算出江苏省不同质地土壤水稻不同目标产量水平氮肥推荐量（表6-13）。

表 6-13 江苏省粳稻氮肥推荐用量

质地类型	目标产量（千克/亩）	基础地力产量（千克/亩）		
		低（325～375）	中（375～425）	高（425～475）
		氮肥推荐用量	氮肥推荐用量	氮肥推荐用量
黏土	>700	20.8～22.9	17.6～19.9	14.2～16.6
	650～700	18.2～22.9	15～20.8	11.6～16.6
	550～650	11.6～18.7	8.4～15.6	4.9～12.3
	<550	10.2～12.3	7～9.3	3.6～5.9
壤土	>700	21.8～23.8	18.7～20.8	15.4-17.6
	650～700	19.1～23.8	16.1～21.8	12.8～17.6
	550～650	12.5～19.5	9.4～16.6	6.1～13.4
	<550	11.1～13.1	8.1～10.2	4.8～7

（续）

质地类型	目标产量（千克/亩）	基础地力产量（千克/亩）		
		低（325～375）	中（375～425）	高（425～475）
		氮肥推荐用量	氮肥推荐用量	氮肥推荐用量
砂土	>700	22～24	18.9～21.1	15.6～17.8
	650～700	19.4～24	16.3～22	13～17.8
	550～650	12.7～19.7	9.6～16.7	6.3～13.5
	<550	11.3～13.2	8.2～10.3	4.8～7

5. 氮肥运筹　根据凌启鸿教授等研究结果，江苏省中稻基蘖肥与穗肥比例为：高肥力土壤50%∶50%，中肥力土壤55%∶45%，低肥力土壤60%∶40%。其中：基肥与蘖肥比例为8∶2或7∶3，地力高、基肥施用量大、基本苗较足的可不施分蘖肥；穗肥中促花肥与保花肥比例为7∶3，促花肥在倒4叶期使用，保花肥在倒2叶期使用。

三、采用特尔菲法推荐磷钾肥用量

（一）磷钾肥施肥标准制定流程

根据土壤磷钾丰缺指标，采用特尔菲法确定不同土壤养分丰缺水平下最高或最佳施肥量推荐磷钾肥用量，流程如图6-2：

1. 回归分析施肥量与产量的关系　根据“3414”试验或磷、钾单因子不同用量试验结果，对磷、钾施用量与产量进行回归分析，建立回归方程：$Y=B_0+B_1X+B_2X^2$，式中：Y为产量，X为施肥量。利用回归方程计算每个试验条

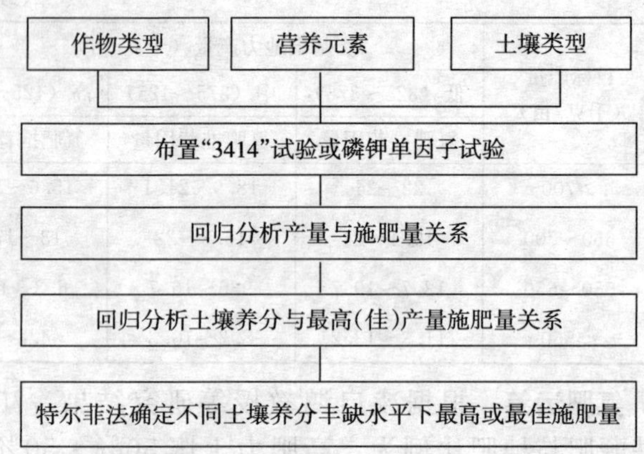

图 6-2　不同土壤养分丰缺水平下施肥标准制订流程图

件下的最高产量施肥量和最佳经济施肥量。

2. 回归分析土壤养分含量与最高（佳）产量施肥量的关系　分别对每个试验点的土壤养分含量与最高产量施肥量和最佳经济施肥量进行回归，建立回归方程：$Y=a+b\ln X$。式中：Y 为最高产量施肥量或最佳经济施肥量，X 为土壤养分含量。根据回归方程及土壤磷钾丰缺评价标准中的磷钾含量上下限值，计算不同磷钾丰缺水平下的最高产量施肥量或最佳经济施肥量。

3. 采用特尔菲法确定磷钾推荐用量　以上述试验结果为基础，根据土壤磷钾含量丰缺评价标准和土肥、栽培等专业的专家经验，会商确定县域内不同土壤磷钾丰缺水平下的水稻磷、钾肥推荐用量。

（二）中稻磷钾肥推荐用量与运筹

根据"3414"试验和磷钾单因子肥效试验统计资料，依据土壤磷钾丰缺评价指标，计算出土壤不同磷钾丰缺程度时稻麦磷钾肥推荐用量（表 6－14 至表 6－19）。

表 6－14　徐淮农区水稻土壤磷钾丰缺指标与磷钾肥推荐施肥量

磷丰缺指标（毫克/千克）	磷肥（P_2O_5）推荐施用量（千克/亩）			钾丰缺指标（毫克/千克）	钾肥（K_2O）推荐施用量（千克/亩）		
亩产(千克)	＜600	600～650	＞650	亩产(千克)	＜600	600～650	＞650
≥30	0	0～2.5	1～3	≥190	0	0～3	1～3
20～30	1～3	2～4	3～4.5	150～190	1～3	2～4	4～5.5
15～20	2～4	3～4.5	4～5	100～150	2～4	4.5～6.5	5～6.5
10～15	3～5	4.5～6	5～6.5	70～100	4～6	5～7	6～8
5～10	4～6	5～7	6～7	30～70	5～7	7～9	7～9
＜5	5～7	6～8	7～9	＜30	7～9	8～10	9～11

表 6－15　里下河农区水稻土壤磷钾丰缺指标与磷钾肥推荐施肥量

磷丰缺指标（毫克/千克）	磷肥（P_2O_5）推荐施用量（千克/亩）			钾丰缺指标（毫克/千克）	钾肥（K_2O）推荐施用量（千克/亩）		
亩产(千克)	＜600	600～650	＞650	亩产(千克)	＜600	600～650	＞650
≥30	0	0～2	1～3	≥190	0	0～3	1～3
20～30	1～3	2～3.5	3～4	150～190	1～3	2～4	3～5
12～20	2～3.5	3～4	3.5～5	100～150	2～4	4～6	4.5～7
8～12	3～4.5	4～5	4.5～6	60～100	4～6	5～7	6～7.5
5～8	4～5	4.5～6	5～7	＜60	5～7	6～8	7～8
＜5	4.5～6	5～7	6～8				

表 6-16　沿海农区水稻土壤磷钾丰缺指标与磷钾肥推荐施肥量

磷丰缺指标（毫克/千克）	磷肥（P_2O_5）推荐施用量（千克/亩）			钾丰缺指标（毫克/千克）	钾肥（K_2O）推荐施用量（千克/亩）		
亩产(千克)	＜600	600～650	＞650	亩产(千克)	＜600	600～650	＞650
≥22	0	0～2	1～3.5	≥200	＜600	600～650	＞650
15～22	1～3	2～4	3.5～4.5	130～200	1～3	3～5	4～6
10～15	2.5～4.5	3～5	4.5～6.5	80～130	3～5	4～6	6～8
7～10	3.5～4	4～6	6.5～7.5	50～80	5～7	6～8	7～9
＜7	4～6	5～7	6～8	＜50	6～8	7～9	8～10

表 6-17　宁镇扬丘陵农区水稻土壤磷钾丰缺指标与磷钾肥推荐施肥量

磷丰缺指标（毫克/千克）	磷肥（P_2O_5）推荐施用量（千克/亩）			钾丰缺指标（毫克/千克）	钾肥（K_2O）推荐施用量（千克/亩）		
亩产(千克)	＜600	600～650	＞650	亩产(千克)	＜600	600～650	＞650
≥23	0～2	1～3	1～4	≥135	1～3	2～4	3～5
14～23	2～3	3～5	4～5	100～135	3～5	4～6	5～7
7～14	3～4	4～6	5～6	75～100	5～7	6～8	7～9
4～7	4～5.5	5～7	6～7	50～75	6～8	7～9	8～10
＜4	5～7	5.5～8	7～8	＜50	7～9	8～10	9～11

表 6-18　太湖农区水稻土壤磷钾丰缺指标与磷钾肥推荐施肥量

磷丰缺指标（毫克/千克）	磷肥（P_2O_5）推荐施用量（千克/亩）			钾丰缺指标（毫克/千克）	钾肥（K_2O）推荐施用量（千克/亩）		
亩产(千克)	＜600	600～650	＞650	亩产(千克)	＜600	600～650	＞650
≥25	0	0～2	2～4	≥140	1～3	2～4	3～5
15～25	1～3	2～4	4～4.5	100～140	2～4	3～6	4～6

（续）

磷丰缺指标（毫克/千克）	磷肥（P_2O_5）推荐施用量（千克/亩）			钾丰缺指标（毫克/千克）	钾肥（K_2O）推荐施用量（千克/亩）		
9～15	2.5～4.5	3～5	4.5～5	60～100	4～6.5	5～7	6～8
6～9	3～5.5	4～6	5～6	30～60	6～8.5	7～9	8～10
＜6	5～6	5～7	6～7	＜30	8～10	9～11	9～12

表 6-19　沿江农区水稻土壤磷钾丰缺指标与磷钾肥推荐施肥量

磷丰缺指标（毫克/千克）	磷肥（P_2O_5）推荐施用量（千克/亩）			钾丰缺指标（毫克/千克）	钾肥（K_2O）推荐施用量（千克/亩）		
亩产(千克)	＜600	600～650	＞650	亩产(千克)	＜600	600～650	＞650
≥25	0～2	1～3	2～3	≥150	0～2	1～3	2～4
15～25	1～3	2～4	3～5	100～150	2～4	3～5	5～7
10～15	2.5～4	4～6	5～7	70～100	4～6	5～7	6～8
5～10	4～6	5～7	7～8	50～70	6～8	6～8	7～9
＜5	5～7	5～8	7.5～8.5	＜50	7～9	8～10	9～11

第七章　水稻施用肥料的种类及其特性

一、化学肥料及其特性

化学肥料绝大多数称为无机肥料，是用化学方法合成的或开采矿石精加工精制或复合、复混配制而成的肥料。化学肥料养分含量高，且多为速效养分，能及时满足水稻对养分的需要，是水稻生产上不可缺少的重要肥源。目前，我国生产的化肥主要有氮肥、磷肥、钾肥、硅肥、镁肥、钙肥、硫肥，还有微量元素锌肥、硼肥等肥料及复合肥料等。

（一）氮素肥料及其特性

氮肥根据其所含氮的形态不同，可分为铵态氮肥、硝态氮肥、酰胺态氮肥、氰氨态氮肥等四大类。根据氮肥的作用强度、肥效长短，又可以分为速效、缓效和长效氮肥等。

1. 铵态氮肥及其特性　铵态氮肥共同特点是氮以铵离子（NH_4^+）状态存在，易被土壤胶体吸附，不易流失，遇到碱性物质极易引起氨化，变成气体的 NH_3 而挥发。铵态氮容易被水稻吸收。

（1）碳酸氢铵（NH_4HCO_3）　碳酸氢铵简称碳铵，含 N 16.5%～17.5%，白色粉末状晶体，易溶于水，也易吸湿，水溶液呈碱性反应。碳酸氢铵常温下性质比较稳定，在温度高、湿度大的条件下易分解，导致氮素的损失。

碳酸氢铵适于做基肥和追肥，不宜做种肥。造粒和深施覆土能提高其利用率和增进肥效。碳酸氢铵深施的肥效期长达25～30天。

碳酸氢铵在储存保管过程中，要包装严密，切忌受热、受潮和破损。开包后要及时施用，未用的要及时封装，以防挥发。

（2）硫酸铵［$(NH_4)_2SO_4$］　硫酸铵简称硫铵，含N 20%～21%，为白色晶体，易溶于水，吸湿性小，水溶液呈酸性。硫酸铵物理性状良好，性质较稳定，常温常压下不会发生氮素的损失，但与碱性的石灰、草木灰、硫酸钙及碱性的农药混合会产生氨的挥发，导致氮素损失。

硫酸铵可作基肥、种肥和追肥，可与过磷酸钙和磷矿粉混合施用。沿海地区的水田由于含盐量大，施用硫酸铵效果较好。同时，要注意施用硫酸铵时，还需采取排水晒田的措施，增加土壤透气性，防止产生 H_2S 使水稻发生黑根。做种肥时，最好将硫酸铵和腐熟的有机肥混匀后拌种，一般每亩用量2.5～5千克。

硫酸铵在储存和保管过程中避免与碱性物质接触，不要在湿度较大的情况下长期储存，防止吸潮、结块。

（3）氯化铵（NH_4Cl）　氯化铵简称氯铵，含N24%～25%，为白色晶体，易溶于水，吸湿性小，水溶液呈酸性，物理性状较好，性质较稳定，常温、常压下不会发生氮素的损失。但与碱性物质混合会产生氨的挥发，导致氮素损失。

氯化铵可做基肥和追肥，不宜做种肥，可与有机肥料、钙镁磷肥、磷矿粉等混合施用。在水稻上效果较好，适于中性和酸性土壤施用。不适于盐碱土。

氯化铵的储存和硫酸铵相似，避免与碱性物质接触。

2. 硝态氮肥及其特性 硝态氮肥共同特点是氮以硝酸根离子（NO_3^-）状态存在，易被水稻吸收。不适于水田施用，易随水流失。在通气不良的条件下易发生反硝化作用而使氮素损失。有较强的吸湿结块性和助燃性。

（1）硝酸钙［$Ca(NO_3)_2$］ 白色或灰褐色颗粒，含 N 12.6%～15%，易溶于水，吸湿性强，易结块，水溶液呈碱性。

旱种稻可做追肥，做基肥一般与腐熟的有机肥随混随施，不能混后堆沤，以免起反硝化作用，造成氮素损失；硝酸钙适宜在缺钙的旱地土壤、酸性土壤和盐渍土上施用，不宜在多雨地区和水田上施用。

硝酸钙极易吸潮，应储存在干燥通风处。

（2）硝酸铵（NH_4NO_3） 硝酸铵简称硝铵，含 N 34%～35%，为白色晶体，含杂质呈黄色，易溶于水，水溶液呈中性，有很强的吸湿性，干燥后易结硬块；受热不稳定，具有助燃性和爆炸性。

旱种稻宜做追肥，不宜做种肥。在湿润地区和水稻田不宜做基肥，干旱地区提倡深施。

硝酸铵在贮运过程中要防潮、防火，切忌与易燃物混存，严防混入铜、镁、铝等金属物质，以防爆炸，结块的硝酸铵不能用木棍、铁锤击打。

3. 尿素［$CO(NH_2)_2$］ 尿素为酰胺态氮，白色针状或颗粒状晶体，含 N 42%～45%，易溶于水，水溶液呈中性，吸湿性弱，不易结块。常温下性质稳定。

尿素适合做基肥、种肥、追肥和叶面喷洒，做种肥不能与种子直接接触。在水田做追肥时应及时中耕，切忌立刻放水。尿素也最适宜做根外追肥，进行叶面喷施。

尿素常温下状态稳定，在高温、高湿条件下也易吸湿结块，贮运过程中要防潮。

4. 缓施氮肥

（1）长效碳酸氢铵　在普通碳酸氢铵中添加一种有机化合物固铵剂（DCD）而生产出来的一种新产品。肥效期由普通碳酸氢铵 30～45 天延长到 90～110 天。氮的利用率由 25%提高到 35%。在等氮量条件下，水稻平均增产 8.6%。

（2）氮肥长效增效剂（肥隆）将其混合在尿素中，在等氮量条件下，与普通尿素相比，肥效期延长 10～15 天，氮利用率可提高 10%。

（3）长效尿素　在普通尿素中加入脲酶抑制剂（BTPT），使尿素肥效期延长 18 天。氮利用率提高 11.2%，产量提高 11.8%。长效尿素具有缓释、长效和增效等优点。据辽宁省沈阳市土壤肥料站试验表明，施用长效尿素能使肥效缓慢释放，肥效利用率可提高 13.6%，平均增产 9.6%。

（二）磷素肥料及其特性

磷肥根据溶解性不同，大致分为水溶性磷肥、弱酸溶性磷肥和难溶性磷肥，我们常用的磷肥主要是过磷酸钙和重过磷酸钙两种。

1. 过磷酸钙［$Ca(H_2PO_4)_2 \cdot H_2O$］　过磷酸钙简称普钙，含 P_2O_5 14%～20%，一般为灰白色粉状，稍有酸味，含酸较多时易吸湿结块，并有腐蚀性，吸湿后使肥效降低。此外，过磷酸钙还含有硫酸钙、硫酸铁、硫酸铝等物质。

过磷酸钙在土壤中移动性较小，施后 2～3 个月，90%

的磷酸仍集中在施肥点周围 0.5 毫米范围和 0.5 厘米深处。因此，施用时一般减少与土壤面的接触，增加与水稻根系的接触，通常集中的施肥方法是做种肥，包括播种时沟施、穴施、蘸秧根或苗床基肥等，造粒或和有机肥混合施用效果均较好。

过磷酸钙不宜在潮湿的环境中储存。

2. 重过磷酸钙［$CaH_4(PO_4)_2 \cdot H_2O$］ 重过磷酸钙简称重钙。一般深灰色，颗粒或粉末状，含 P_2O_5 36％～54％，易溶于水，水溶液呈酸性反应，有一定的吸湿性和腐蚀性，不含硫酸铝和硫酸铁等杂质，吸湿后不会发生肥效的降低。

肥效和施用方法与过磷酸钙相似。重过磷酸钙也不宜在潮湿环境下储存。

（三）钾素肥料及其特性

钾肥作为主要营养元素在水稻上需求量较大，一般常用的钾肥品种有氯化钾、硫酸钾和草木灰 3 种。

1. 氯化钾（KCl） 氯化钾为白色结晶体，含 K_2O 50％～60％，易溶于水，水溶液中性，吸湿性不大。可以做基肥和追肥，一般做基肥较多。在盐碱土上不宜多施用，如施用要提前做基肥，利用灌溉和降水将氯离子淋洗至下层。

氯化钾含杂质较多时易吸潮结块，储存时应注意防潮。

2. 硫酸钾（K_2SO_4） 硫酸钾为白色或淡黄色结晶体，含 K_2O50％～54％，易溶于水，水溶液中性，吸湿性较小。

硫酸钾可以做基肥和追肥，通常做基肥较多，做追肥时将肥料施于水稻根系密集的土层中，利于根系吸收；硫酸钾价格比氯化钾贵，用于缺硫和忌氯稻田土壤效果较好；对于透气性不好的水田如果施用，易产生硫化氢中毒，可用氯化钾或采取排水晾田或晒田，保持水田的透气性。长期施用硫酸钾易造成土壤板结，应适当增施有机肥；酸性土壤施用硫酸钾时，需适当施用石灰。

3. 草木灰（K_2CO_3 为主）　草木灰是一种钾肥含量高的肥料，大部分可溶于水，水溶液呈碱性，成分较复杂，含各种灰分元素如磷、钾、钙、镁和各种微量元素。一般的草灰含硅较多，磷、钾、钙较少，木灰磷、钾、钙较多。幼嫩组织磷、钾较多，衰老组织钙和硅较多。

草木灰可作为基肥和追肥，也可拌种和根外追肥，适宜集中沟施或穴施，施前可喷洒少量的水或与湿土混合，施后覆土。草木灰对于水稻秧田施用效果较好，施用时避免与铵态氮肥或人粪尿等混合，也不应撒在粪池或畜圈内，提倡单攒单贮。在沿海的一些盐碱土地区积攒的草木灰含有大量的氯化物成分，一般不宜在当地做肥料，适于中性土或酸性土壤施用。

（四）硅素肥料及其特性

硅肥是一种具有硅标明量的肥料。常见的是以含硅酸钙为主的玻璃体、矿物肥料。硅肥中通常含有钙和镁，故也称硅钙肥或硅钙镁肥。硅肥是一种微碱性或中性的枸溶性肥料，不易溶于水，易溶于酸。主要用于水稻、小麦等喜硅作物，尤以水稻对硅最敏感。

硅是水稻体组成的重要营养元素，在施用上属于中量元素。土壤中二氧化硅的含量虽然占土壤重量的20%～80%，但大部分呈结晶态，不能被植物吸收利用。硅肥有利于提高水稻的光合作用，增强水稻抵抗病虫害的能力，提高水稻抗倒伏和根系氧化能力。叶片吸收硅后，形成双层结构，能抑制水分蒸腾，增强抗旱、抗寒能力。同时，还能活化土壤中的磷，具有改善土壤结构的作用。从目前的研究看，硅肥是一种很好的水稻抗逆性肥料、品质肥料、保健肥料。硅肥的种类分缓效硅肥和水溶性硅肥两大类。缓效硅肥主要是利用粉煤灰或工业矿渣等加工制造而成。硅肥成分很复杂，主要含有硅酸钙、硅酸二钙、硅酸镁和硅酸钙镁及各种硅酸盐类，此外，还含有多种微量元素，如铁、锰、硼、钼等。水溶性硅肥主要成分是硅酸钠，含水溶性 SiO_2 50％以上。

硅肥适宜于做底肥，在水稻栽培上为了获得最高稻谷产量，水稻全生育期供给硅肥是必要的。硅肥做底肥，与有机肥一起施用是最理想的。硅肥能够加速稻草等秸秆、堆肥、厩肥的腐烂和有机肥的分解。有机肥分解过程产生的有机酸等物质能够同硅反应，提高硅肥的有效性。在以下的水田环境中，硅肥能够更充分的发挥效果：有机肥施用量少的稻田，透水性好的沙性水稻田，滨海盐碱土，高产的水田、老水田，稻瘟病、稻胡麻斑病常发的水田，特别是低洼易涝稻田水稻易倒伏、早衰、病重的地块及新开垦的水田及草炭土，重施硅肥效果更佳。

（五）镁素肥料及其特征

镁在施用上作为一种中量营养元素，水稻施用的镁肥品种较少，主要有硫酸镁和氯化镁两种。易溶于水，水溶液呈酸性。此外，还有钾镁肥、菱镁矿等含镁肥源，均可以开发利用。

镁肥可以做基肥、追肥，硫酸镁做叶面喷施效果也较好。一般在生育中期用 1％～2％的硫酸镁进行叶面喷施，做追肥要早施。镁肥与硝态氮肥、磷肥和有机肥混合施用效果较好。

(六)硫钙素肥料及其特性

1. 硫素肥料及其特性 硫是水稻生长必需的元素，含有硫素的肥料较多，但大都以副成分的形式存在（如硫酸钾、硫酸铵、普通过磷酸钙等）。作为硫肥，应用较多的是硫黄和石膏两种。

（1）*硫黄* 硫黄是硫的单质，一般含硫量60%～80%，不溶于水，不易从土壤中淋失，肥效较长。

（2）*石膏* 石膏有生石膏和熟石膏两种。生石膏为普通石膏，粉末状，微溶于水。主要成分为$CaSO_4 \cdot 2H_2O$，含硫18.6%、CaO 23%；熟石膏又称雪花石膏，白色粉末，主要成分$CaSO_4 \cdot 2H_2O$，含硫20.7%。

水稻对硫肥的需求，施用硫肥效果较好。硫黄和石膏可以改良碱土，一般在降雨和灌溉前均匀撒于地面，深翻入土；在一些冷浸田、烂泥田和发僵田，施用硫肥效果也较好。

石膏可做基肥、追肥和种肥，旱种稻做基肥时先粉碎，撒于地表，结合耕地使其与土壤接触混匀。基肥一般亩用量15～25千克，种肥亩用量4～5千克。做水田基肥或追肥时亩用量5～10千克，做种肥或蘸根时每亩用2～3千克。

2. 钙素肥料及其特性 钙素肥料也是水稻必需的中量元素，含钙的肥料除了一些大量元素肥料中的硝酸钙、过磷酸钙等为副成分外，主要是生石灰和熟石灰两种。

（1）*生石灰* 生石灰的主要成分是CaO，呈强碱性，中和酸的能力较强，局部用量较多时会造成局部碱性过大而烧苗。所以，生石灰做基肥要提早施用。此外，生石灰还具有杀虫、灭草和消毒等作用。生石灰长期储存易吸收二氧化碳和水，变成熟石灰或碳酸钙。

（2）*熟石灰* 熟石灰又叫消石灰，主要成分为Ca $(OH)_2$，含 CaO 70%左右，呈强碱性，比生石灰的碱性稍弱。石灰肥料多以中和土壤酸度为目的，施用时尽量与土壤充分接触，一般做基肥撒施，水田上结合绿肥压青、秸秆还田时撒施。施用时不要与铵态氮肥、磷肥、微肥混合施用。

（七）微量营养元素肥料及其特性

1. 微肥的种类 水稻必需的微量营养元素有铁、锰、锌、钼、铜等，常见的微量元素肥料品种如表 7-1。

表 7-1 水稻所需微量元素肥料

种类	名称	主要成分	含量
铁肥	硫酸亚铁	$FeSO_4 \cdot 7H_2O$	含铁 19%～20%
锰肥	硫酸锰	$MnSO_4 \cdot 7H_2O$	含锰 24%～28%
		$MnSO_4 \cdot 3H_2O$	含锰 26%～28%
锌肥	硫酸锌	$ZnSO_4 \cdot H_2O$	含锌 35%～40%
		$ZnSO_4 \cdot 7H_2O$	含锌 23%～24%
钼肥	钼酸铵	$(NH_4)_6Mo_7O_{24} \cdot 7H_2O$	含钼 50%～54%
铜肥	硫酸铜	$CuSO_4 \cdot 5H_2O$	含铜 24%～25%
硼肥	硼砂	$Na_2B_4O_7 \cdot 10H_2O$	含硼 11%

注：表内所列的微量元素，均易溶于水。

水稻对微量元素的需求量以敏感程度表示：铁、锰、锌为中度，硼、铜、钼为低度。

2. 微肥的施用方法 微肥的施用主要为土施和叶面施，一般以后者为主。在水源不足的半干旱地区，土施微肥的效果较好，且土施微肥有一定的后效，可以隔年施用。微肥的用量较少，施用时要混拌均匀，可以和大量元素肥料一起施用，也可以和有机肥一起施用。

微肥施用方法常见的有种子处理、蘸秧根和叶面喷施3种。

①拌种：少量肥料溶于水，喷洒在种子上，阴干后播种，一般每千克种子用0.5～1.5克。而硼肥不宜用来拌种。

②浸种：适宜处理少量种子，将种子放在微量元素稀溶液中，使肥料随水进入种皮，稍稍晾干即可。但遇到阴雨天气种子不能晾干易发霉、发热，影响发芽。微量元素溶液浓度一般在0.01%～0.05%之间，浸种时间一般在12小时左右。

③蘸秧根：一般适于水稻应用，应选用较纯净的肥料，将适量肥料与土或有机肥混合制成糊状液体，在插秧或移栽前，将秧苗插入液体中蘸秧根。

④叶面喷施：也是施用微量元素最经济有效的方法，常用浓度在0.01%～0.2%之间，具体施用方法按水稻品种、植株大小而定，一般前期基施并配合后期喷施效果要好。

（八）复合肥及其特性

在复合肥成分中凡是同时含有氮、磷、钾三要素或其中任何两种元素的化学肥料称复合肥料。成分中含有两种主要营养元素的叫二元复合肥，成分中含有3种主要营养元素的叫三元复合肥。复合肥一般通过分析式标出养分含量。例如15-15-15表示此复合肥中N、P_2O_5、K_2O含量各为15%。复合肥通常按照营养元素有效成分的百分含量来分级，凡是有效成分含量大于40%的称为高浓度复合肥，有效成分含量30%～40%的称为中浓度复合肥，低于30%的称为低浓度复合肥。养分含量小于25%的三元复合肥和小于20%的二元复合肥没有生产和应用的价值。

(1) 磷酸铵　磷酸铵简称磷铵，是由铵中和浓磷酸而生成的产物。常见的有磷酸一铵和磷酸二铵两种。磷酸一铵又称安福粉，含N11%～13%，含$P_2O_5$51%～53%。磷酸二铵又称重安福粉，含N16%～21%，含$P_2O_5$46%～54%。常用的磷酸二铵养分为N18%、$P_2O_5$46%。磷酸铵一般做底肥和种肥，适合种植水稻的土壤。在北方碱性土壤上肥效比其他肥料优越，适宜施在需磷较多或缺磷土壤上。施用时要适当补充单质氮肥。磷酸铵不宜与草木灰、石灰等碱性肥料混施，否则氨挥发造成磷有效性降低。

(2) 磷酸二氢钾　养分含量为$P_2O_5$52%，K_2O35%，是一种高浓度的磷钾复合肥。磷酸二氢钾价格较贵，目前多用于根外追肥和浸种，用0.2%的磷酸二氢钾浸种20小时，晾干后播种有一定的增产效果；亩喷施0.1%～0.2%的磷酸二氢钾溶液大约50～75千克。水稻的喷施时间一般在拔节至孕穗期。

(九) 非常元素控制

按国家统一规定：水稻必须实施无公害生产，食用稻米和蔬菜、水果一样，要求按无公害标准生产方可进入市场销售。水稻在生产过程中，除吸收营养元素外，同时还可能从土壤中吸收对人、畜有害的非营养污染物质。镉、汞、砷、铬、铅等在大米含量中有极严格规定限制。对甲拌磷、对硫磷、倍硫磷等有机磷等在大米中也不得检出。所以，在测土过程中对土壤灌溉水质必须进行严格检测，所施用的农药也必须符合国家有关标准，以确保稻米生产安全。

二、有机肥料及其特性

有机肥料是指主要来源于植物和（或）动物，施于土壤以提供植物营养为其主要功能的含碳物料，习惯也称农家肥料。有机肥料的品种较多，应用较多的有人畜粪尿、厩肥、堆肥、沤肥、秸秆的直接还田、绿肥以及可供开采的地下埋藏的腐殖酸类煤、草炭等多种。近年来随着农业的发展，以畜禽粪便、动植物残体等富含有机质的副产品资源为主要原料，经工厂化发酵处理，腐熟后制成的有机肥料称作商品有机肥。其施用量逐渐增大，品种也逐渐增多，应用也更加广泛。有机肥料一般含有丰富的有机质和各种养分，可活化土壤中的养分，增强土壤微生物的活性，改善土壤理化性状。有些有机肥虽然总养分含量较全，但可供水稻直接吸收利用的速效养分含量较低，肥效缓慢，当年当季的利用率也较低。有机肥料和养分含量高的速效肥料配合施用效果较好。

主要有机肥种类及其特性介绍如下：

（一）农家肥及其特性

1. 人粪尿 人粪尿是有机肥主要肥源之一，是优质农家肥。人粪含70%～80%的水分，20%左右的有机质，5%的灰分，含有一些微生物，有时含有一些寄生虫和寄生虫卵。新鲜人粪一般呈中性。人尿含水95%，5%左右是一些有机物和无机盐，溶液呈弱酸性。人粪和人尿含氮较多，而含磷、钾较少，通常做速效性氮肥施用，可以做基肥和追肥，一般做追肥较多。人粪尿和秸秆与土混合的肥料多做基肥。人粪尿排泄量及主要养分含量见表7-2。

表 7-2 成年人人粪尿年排泄量及主要养分含量

项次	主要养分含量（占鲜物%）					成年人年排泄粪尿量(千克)			
	水分	有机物	N	P_2O_5	K_2O	鲜物	N	P_2O_5	K_2O
人粪	>70	20	1.0	0.5	0.37	90	0.9	0.45	0.34
人尿	>90	3	0.5	0.13	0.19	700	3.5	0.91	1.34
人粪尿	>80	5～10	0.5～0.8	0.2～0.4	0.2～0.3	790	4.4	1.36	1.67

人粪尿积存与施用过程应注意：①最好不要用人粪尿晒制粪干；②腐熟的人粪尿不能与草木灰等碱性物质混存；③人粪尿要经过发酵或杀菌药剂处理，杀死病菌和寄生虫卵后再施用；④人粪尿中含有较多的盐分和一定量氯离子，不宜在盐碱土上一次大量施用；⑤粪坑、粪缸、粪井在储存粪尿时首先要防渗漏，再者要遮阴加盖，减少氮的损失；⑥制堆肥时，将人粪尿与土、粉碎的秸秆、草皮等制成堆肥，可促进秸秆腐熟，同时可以保肥。

2. 家畜粪尿和厩肥 家畜粪便种类较多，主要的有猪、牛、羊、鸡等。年排泄量及其养分含量见表 7-3。

表 7-3 每头（只）家畜年排泄量及粪尿养分含量

家畜	粪类	排泄量（千克/年）	水分（%）	有机质（%）	N（%）	P_2O_5（%）	K_2O（%）
猪	粪	1 250	82	15.0	0.56	0.40	0.44
	尿	1 750	96	2.5	0.30	0.12	0.95
牛	粪	5 475	83	14.5	0.32	0.25	0.15
	尿	3 350	94	3.0	0.50	0.03	0.65
羊	粪	548	65	28.0	0.65	0.50	0.25
	尿	183	87	7.2	1.40	0.03	2.10
鸡	粪	5～7.5	50	25.5	1.63	1.54	0.85

（1）猪粪尿　猪粪质地较细，属优质农家肥。养分含量较高，含水分较多，分解较慢。但猪粪的后劲长，有很好的改土作用。在农村，猪粪尿的积攒常见的有垫圈积攒和圈外积攒两种。垫圈积攒：一般用干土或草炭等物质垫入猪圈内；圈外积攒：将圈内的粪尿起到圈外紧密堆积，外层用泥土盖住，减少养分的损失。但积攒的过程中应注意一般垫土时粪土比为1∶3～4，草木灰应单独积存，不要倒入圈内，提倡将圈内积攒和圈外积攒相结合。猪粪尿适合各种土壤和作物，有良好的改土和增产效果，可以做基肥和追肥。

（2）牛粪尿　牛粪质地细密，有机质多，养分含量较低，含水较多，分解较慢。牛粪的积攒主要以圈外积肥为主，在牛圈内垫入秸秆、干土等，定期将垫圈物移出，在堆积的过程中可以加入马粪或羊粪等促进牛粪的腐熟。牛粪尿一般做基肥。

（3）羊粪尿　羊粪细密干燥，有机质多，含水较少。羊粪的积攒与牛粪相似。羊粪尿适于各种土壤和作物，一般做基肥和追肥。

（4）鸡粪　鸡粪含水分较少，为优质有机肥，有机物含量高。鸡粪的积攒方法一般将一些干细土或碎秸秆铺于禽舍地面，定期清扫。鸡粪应选择阴凉干燥处积攒。鸡粪适合各种作物和土壤，可以和其他厩肥混合做基肥，腐熟的鸡粪是一种优质速效的有机肥，适于稻田施用。

（二）秸秆肥及其特性

秸秆是农作物的副产品，在农村秸秆主要用来做燃料、大牲畜的饲料和还田作为肥料3种。由于农村燃料结构的变化，作为肥料的秸秆还田越来越多，水稻秸秆大多通过高留茬、覆盖、切碎翻埋入土等方式还田做肥料。

翻压还田是作物收获后将作物秸秆耕翻入土进行翻压还田；将作物秸秆或残茬铺盖于土壤表面的称为覆盖还田。还田时应注意尽量切碎，以增加与土壤的接触面，同时使土壤保持适宜的含水量，在水分充足的情况下，秸秆宜浅埋，有利于微生物活动，加速分解。一般情况下，稻草用量为150～200千克/亩，玉米秸秆可以多些。

秸秆还田，旱田土壤应保持湿润，水田要浅水勤灌，干干湿湿，并适当烤田。秸秆直接还田时应加入适量的化学氮肥或腐熟的人畜粪尿等促进秸秆分解，但氮素肥料不宜用硝态氮肥。

（三）绿肥及其特性

利用植物绿色体做肥料的均称为绿肥。绿肥按植物学分豆科绿肥和非豆科绿肥。栽培绿肥大多数以豆科绿肥为主，它带有根瘤菌，能固定空气中的氮素，增加土壤氮素来源。种植绿肥除了能增加土壤养分和有机质外，还能改良低产土壤，减少水土流失，富集和转化土壤养分，促进农牧结合等。具体做法：

1. 绿肥栽培方式

（1）单种　在一块地上单一种植一种绿肥作物，一般用于荒山、荒地或休闲地。

（2）插种　插在作物换茬的短暂间隙中，种植短期速生绿肥作物，做下季作物的基肥。

（3）间种　在主作物的行间，播种绿肥以后作为主作物的肥料。

（4）套种　不改变主作物的种植方式，将绿肥套种在主作物的行株之间。一般可分为前套和后套。前套指绿肥作物先种在主作物的行间，以后用于主作物的追肥；后套指在主作物生长中、后期在其行间套种绿肥，主作物收获后，绿肥继续生长，作为下季作物的肥料。

2. 绿肥利用　绿肥的利用主要有 3 种：直接翻耕、沤制和饲用。

（1）直接翻耕　绿肥直接翻耕以做基肥为主。间种和套种的绿肥可以就地掩埋作为主作物的追肥。翻耕前最好将绿肥切短，稍加晾晒，这样有利于翻耕和促进其分解。翻耕时要注意：首先是翻耕时期，绿肥应该在鲜草产量和肥分总养分含量达到最高时进行。稻田翻耕绿肥一般要求在水稻插秧前 10 天左右；翻耕深度，一般在 10～20 厘米为好；施用量要考虑土壤、水稻、产量、养分、品种等多种因素，一般亩施 1 000～1 500 千克。最后，要配合一定的无机肥料，主要是配合一些无机氮肥、磷肥，利于充分发挥绿肥的肥效。

（2）堆沤肥　为了提高绿肥的肥效，或作为储存的需要，可以把绿肥做堆沤肥材料。经过堆沤肥处理后，绿肥的肥效比较稳定，也能避免分解过程中产生有害物质对作物造成的不利影响。

（3）做饲料　绿肥先做饲料，然后利用家畜、家禽、鱼虾等食后排泄物作为肥料，这种过腹还田的利用方式，能够有效地提高绿肥的经济效益。

第八章　中稻科学施肥指南

一、秧田期施肥方法

科学移栽水稻是重要的增产技术，移栽水稻有延长水稻生育期、提高复种、抑制杂草、使个体分布有序、提高群体光能利用率的作用。水稻移栽今后仍是我国稻作的主体技术，尤其是发展机插稻。俗话说“秧好半年稻”，说明培育壮秧是增产的基础。由于不同栽培条件下的适宜秧龄不同，壮秧在形态上的指标差异较大。但壮秧有几项共同的指标：①叶蘖同伸。秧田期保持叶蘖同伸是最能反映秧苗健壮度（移栽后的发根力、抗植伤力和分蘖力）的形态生理指标，可作为4叶龄以上秧苗壮秧的共同诊断指标。4叶龄的小苗，第一叶位应开始分蘖（机插小苗除外）；7叶龄的中苗，第四叶位应有分蘖，全株平均应有4～5个分蘖，如全株只有2～3个分蘖，是弱苗的表现；9叶龄的大苗，第六叶位应有分蘖，全株应有10～12个分蘖。秧田期的叶蘖同伸一旦停止（称分蘖滞增期），是苗体开始弱化的信号，应及时移栽。②主茎应保持4片以上绿叶（3叶小苗除外）。③移栽时顶4叶略深于顶3叶。要达到上述要求，秧田培肥和秧田期的肥料施用非常重要。

不同育秧方式施肥方法如下：

1. 湿润秧的育秧要点及施肥方法

(1) 秧田制作 要求背风向阳，离大田近；土壤较肥沃，适宜施用氮、磷、钾配合的基肥（一般取当地的平均数）；灌溉方便，畦面平整，播种均匀。

(2) 秧龄不同叶龄期肥水管理原则 中、大苗移栽的秧苗，秧田管理可概括为3个时期。

①播种到2叶抽出。此期主攻目标是扎根立苗，防烂芽，提高出苗率。关键是协调土壤水气矛盾，提供充足的氧气供应，促进扎根、防烂秧，提高成苗率。主要措施是湿润灌溉，保持秧沟有水，秧板湿润而不建立水层的灌溉方式，直至2叶抽出。

②2叶到4叶期。此期主攻促壮苗，保证4叶期分蘖。关键是及时补充光营养，促进3叶期及早超重（秧苗干重超过原籽粒胚乳重量）。主要措施是早施断奶肥，逐步建立水层灌溉。

1) 早施断奶肥。在发芽和幼苗生长过程中，蛋白质于2叶期已消耗殆尽，故称“氮断奶期”；淀粉在3叶末也被耗尽，称“糖断奶期”。因此，3叶末是秧苗彻底由异养向自养过渡的重要转折期。及早供应氮源，促进秧苗顺利度过生理转折和形成壮苗，就能促进进入4叶期时起始分蘖。氮素断奶肥必须及早施用，在2叶期已发挥作用，最好在基肥中施用，或在1叶期施用，要求在2叶期被吸收，3叶期上色并超重，4叶期出现同伸分蘖。

断奶肥的数量要适当，以防止氮施用过多而造成氨中毒。断奶肥吸入苗体后，先是耗糖合成蛋白质，使叶色加深，生长加速，产生“得氮耗糖效应”，而后再提高光合效率，产生“得氮增糖效应”，达到糖氮平衡。但秧苗离乳前体内糖量有限，故断奶肥要早，但不宜重施，一般每亩施尿素 5～7 千克左右。

2）逐步建立浅水层。2 叶期后秧苗叶片逐步增加，叶面积增大，蒸腾作用加强，叶和根系的通气连接组织已经形成，可建立水层以满足秧苗的生理需水，在水层情况下，有利于土壤的氨化作用，有利于秧苗对铵态氮的吸收；可以抑制好气性腐霉菌的繁殖，防止青枯病；还能缓解气温剧烈变化对秧苗的影响；水层还能调节土壤 pH 向 7 变化，防止土壤盐渍化。故从 2 叶期起，应从湿润灌溉逐步过渡到建立浅水层。

③4 叶期到移栽。此期的主攻目标是提高移栽后的发根力和抗植伤力。关键是促进分蘖，提高苗体的糖氮积量，并调节适宜的碳氮比。主要措施是施好接力肥和起身肥。

决定秧苗发根力的内在因素，一是根原基数量，二是苗体的氮素营养水平，这二者都和叶蘖的同伸保持密切的相关。叶蘖同伸的多蘖壮秧氮素营养水平高，发根力强；另一方面光合积累多，糖氮代谢协调，抗植伤力强。这一时期，要防止糖氮代谢失衡的嫩旺苗和老瘦苗，主要是通过合理施肥进行调节。

1）看苗施好接力肥。这次施肥的目的在于从 4 叶期起秧田分蘖期处于旺盛分蘖状态，形成叶蘖同伸壮秧，并在移栽前 3～5 天苗色开始褪淡，处于得氮增糖期，使苗质坚挺，为抗植伤奠定基础，并为移栽前起身肥施用创造条件。

接力肥的施用：首先要根据秧龄长短，5～7 叶期移栽的中苗不具备于 4 叶期施接力肥的条件，着重在基肥和断奶肥中施足肥料，或将接力肥提前在 3 叶期施用。移栽叶龄在 8 叶以上的大苗，才具备在 4 叶期施接力肥的条件，因为施肥距离移栽要有 4 个叶龄以上，至移栽时肥效已减退，叶色将褪淡。其次，在用量上，离移栽叶龄愈短的，施氮量宜少；愈长的，施氮量应多些。总的原则是在施肥后1个叶龄上色，于移栽前1个叶龄开始褪色，以此来掌握施用量。

2）施好起身肥。临移栽前，在叶色褪淡的基础上，于移植前3～4天施好起身肥。其目的是使氮入苗体，叶未上色，新根初萌时即行移栽。这时的秧苗处于高糖、高氮状况，既可防植伤，又可增强发根力，最有利于活棵分蘖。每亩一般施尿素3～5千克。

2. 旱育秧的技术要点及施肥方法

（1）苗床准备　旱秧在整个育秧期间，秧田不能灌水和积水，同时又要保证满足壮秧对肥料和水分的需要。因此，对苗床的准备要有一系列严格的要求。

①苗床土壤要达到“肥、厚、松”的要求，即苗床养分充足，营养成分全，能满足育秧期秧苗生长对养分的需要；土层深厚（20厘米左右），疏松，结构良好，保肥、蓄水、保墒能力强。

②床址要选择在地势高（地下水位在50厘米以下，早春至少在30厘米以下）、雨后不积水、背风向阳、尽可能靠近水源和大田的地方。土壤宜弱酸性，pH高于7的盐碱地、多年施用草木灰的地，不宜做苗床。

③苗床培肥的用肥量大，且以大量粗纤维肥料、家畜粪肥为主，培肥时间长。

由于旱秧苗床上无积水层，肥料的移动性低，降低了肥料的吸收利用率；同时，旱地中氮素易转化为硝态氮，土壤的吸附力弱，且不易为稻苗吸收，进而硝态氮易被反硝化或流失而损失；加之，旱秧吸收磷钾的能力不及湿润秧，因而旱育秧苗床培肥数量常数倍于常规秧田，而且要提高磷、钾肥的施用量。例如，碎稻草需上千千克，家畜粪肥每亩1 000～1 500千克，磷肥百千克。

苗床培肥的时间较长，有秋培、春培和播前培3个过程。大量的碎秸秆等有机物，必须于秋季耕翻入土，配合施用人畜粪尿，加速有机物腐热分解，称秋培。腐热的有机物宜于春季施用，称春培。播前培肥主要是施用速效氮、磷、钾化肥，并加大磷、钾的用量，一般每平方米施尿素20克左右（13.5千克/亩）、氯化钾30克（20千克/亩）、过磷酸钙50克（33.5千克/亩）。于播前20天均匀施入0～10厘米的土层中。

④苗床pH调节处理和灭菌处理。水稻为喜弱酸作物，土壤适宜的pH为6～7，根系生长的适宜pH为4.5～5.5。弱酸性土壤环境有利于水稻对矿物营养元素的吸收、秧苗的生长和秧苗对有害病菌的侵害，尤其在育秧期温度较低的地区，偏酸性土壤是旱秧防止立枯病的重要条件。在土壤pH 7左右的中性土壤上，于早春培育旱秧，要重视施用硫黄粉调酸处理，一般以播前15～20天施用效果最好。pH 7的土壤，用量为50～100克/米^2；pH 6左右的土壤，用量为100～150克/米^2。施用后要保持床土湿润15～20天。

单纯为了防止旱育秧的立枯病出发，生产上普遍采用施用杀菌剂的方法。如用敌克松1.3克/米^2（有效成分），对水泼浇或拌入床土中。

（2）旱秧的秧田管理

①播种管理。播种前苗床要喷水，使0.5厘米的表土层处于水分饱和状态。播后用木板将芽谷轻压入土，并盖上准备好的床土和麦糠等覆盖物，厚度细土为0.5～1厘米，麦糠1～2厘米，覆盖后喷水，并施用除草剂和杀虫剂。播后

及时加膜覆盖，保温、保湿。播后如遇日均温大于20℃时，应在膜上加盖遮阴物。

②苗期的水分管理。

1）播种至齐苗。主要是保持土壤有较高的持水率，以提高出苗率。当土壤相对持水率在70%～80%时，旱秧才能顺利出苗，播种后4～5天即可齐苗。因此，播前必须一次浇透底墒水，播后覆盖膜前喷水淋湿盖种物，并及时盖膜保湿至齐苗。

2）齐苗至移栽。应以控水、健根、壮苗为主。1～2叶期的幼苗靠胚乳营养，叶少、叶小，蒸腾量少，只要播前底墒足，此期一般对水分反应不敏感。2～3叶期秧苗由异养转入自养，叶面积增大而根系尚不健全，对水分亏缺反应敏感，常出现卷叶死苗。4叶期后的中、大苗根系比较健壮，对土壤水分亏缺的反应不敏感。因此，在齐苗揭膜后（2～3叶期），即需喷浇一次透水，达到5厘米土层水分饱和，以弥补土壤水分的不足。4叶期至移栽前，必须严格控水，即使床面开裂，只要中午叶片不打卷，就不必补水。同时要清理田间排水沟系，保证下雨秧田无积水，防止旱秧水害，失去旱秧优势。对中午卷叶的旱秧，可在傍晚喷水，使土壤湿润即可。

3）秧苗追肥。旱育秧床土培肥达到要求的，一般不需追肥。苗床培肥达不到标准的，要重视追肥，但追肥的效果不如基肥好。在必须追肥时，一般在3叶期（2叶1心）施用的效果较好。每亩施尿素10～15千克、过磷酸钙20千克、氯化钾5～7千克，混合施用。必须把混合肥对成1%的肥液，于下午4时后均匀喷施，以提高肥效。干肥撒施，容易造成肥害。

3. 机插小苗的育秧技术及施肥要点

（1）育秧方法及其作业流程　我国黑龙江农垦普遍应用塑料硬盘全过程机械化育秧方法，已有十分成熟的经验，因其生产规模大，设施的利用率高、成本比较低，深得普遍应用。但对于分散的、家庭种植规模较小的广大农村，必须改进、探索成本较低，适于农村实用的机插秧育秧方式。江苏多地的实践结果主要有以下 3 种：

一是机械化播种软盘脱盘育秧（软盘机播种）。将软盘衬在硬盘中，利用机械化硬盘育秧设备实施播种作业后，下田进行脱盘作业，将软盘整齐铺放在秧板上（硬盘反复使用），而后盖土、封膜、盖草。

二是塑料软盘田间播种育秧（软盘田间播种）。将有一定硬度的塑料软盘整齐摆放于秧板上，用半机械化播种设施进行播种作业，而后盖土、封膜、盖草。

三是双膜育秧（不用育秧盘）。将带孔的塑料薄膜铺放于秧板上，用半机械化育秧设施进行铺底土、播种、覆土，在完成板面作业后统一上跑马水，随后封膜、盖草。移栽前用专用切割器将秧苗切割成适合机插的标准秧块。

3 种方法的育秧作业流程示意如下：

①软盘机播种。

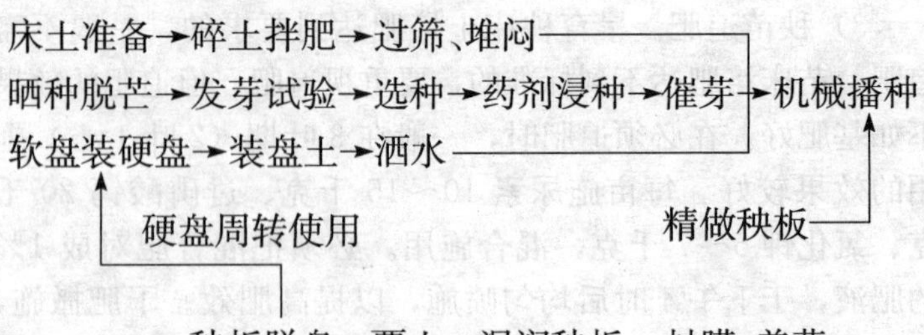

揭膜炼苗→苗床管理→起盘移栽

②软盘田间播种。

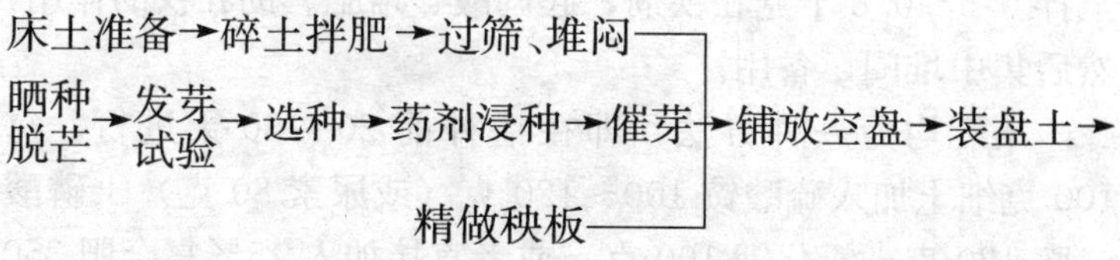

③双膜育秧。

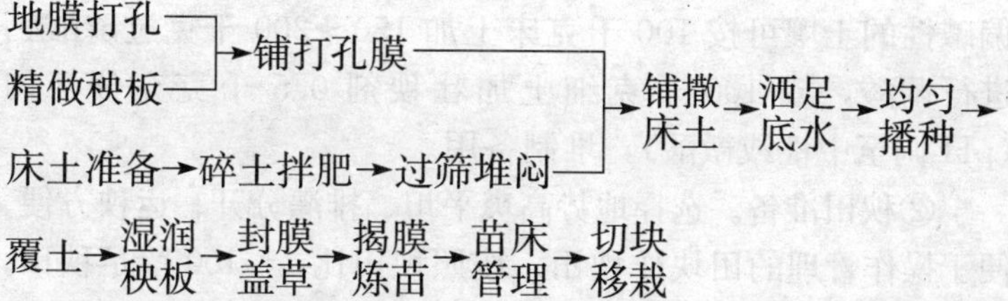

（2）床土和秧田准备

①床土准备。

1）要备足营养土。宜选择肥沃的菜园土、耕作熟化的旱田或经秋耕冬翻冻融的冬闲地的表土作床土。移栽大田需床土的数量：双膜育秧为110～120千克/亩，使床土厚度达1.8～2.0厘米；盘育秧为150千克/亩，使育秧盘底土厚度达2.0～2.5厘米。

2）床土的培肥。采用有机无机肥相结合的方法。在秋耕冬翻冻融的基础上，于早春在拟取土的田块上施人畜粪或腐熟堆肥2 000千克/亩（草木灰禁用），以及25%的氮、磷、钾复合肥60～70千克/亩，或硫酸铵30千克/亩、过磷酸钙40千克/亩、氯化钾5千克/亩等。施后连续旋耕2～3遍（深10厘米），抢晴进行堆制、覆膜遮雨，而后在水分适宜时（含水 15%）过筛（孔径 4～6 毫米），每 100 千克细土拌 0.5～0.8 千克壮秧剂，起调酸、培肥、助壮秧的作用，然后集中堆闷，备用。

培肥均为一种方法，即在播种前 20～30 天进行。每 100 克细土加入硫酸铵 100～120 克（或尿素 80 克）＋磷酸二胺 120 克＋氯化钾 100 克，或者直接加入 45%复合肥 350 克（N、P、K 各含 15%）；另每立方土加腐熟有机肥（饼肥 110 千克＋木屑或细稻壳 50 千克＋酵素菌 0.5 千克堆制腐熟），以增加土壤的通透性，提高成苗率，促进盘根良好。偏碱性的土壤可按 100 千克床土加 150～200 千克过磷酸钙进行调酸，或 100 千克细土加壮秧剂 0.5 千克充分拌匀（pH 调至中性或微酸），堆制备用。

②秧田准备。选择地势高爽平坦、排灌分开、运秧方便、便于操作管理的田块作秧田。按照秧田比 1∶100 留足秧田。在播种前 10～15 天旋耕耙平，开沟做板，并上水耙平 2～3 次，要求落差不超过 3 厘米。秧板畦面的宽度，软盘育秧的畦净宽 1.4 米，双膜育秧的畦净宽 1.5 米；沟宽 0.3 米，深 0.25 米。秧板做好后排水晾干，使板面沉实。播前 2 天铲高补低，要求板面达到“实、平、光、直”的要求。

（3）种子准备

①备足饱满、发芽率高（90%以上）的精选种子。盘式育秧的每亩大田需 3 千克，双膜育秧的每公顷需 4 千克（最后切块要切除沟边的一些秧苗）。

②机械去芒和枝梗。

③用 1.1 比重盐水或黄泥水选种。

④药剂浸种。每 10 千克种子用 25%的施保克 3 毫升对成 2 000 倍液，加 10%吡虫啉 20 克，对成 600～800 倍夜，

浸种 3 天左右，防治恶苗病及稻蓟马、灰飞虱。

⑤催芽。机插的要求 90%的种子在播种前达到破胸露白；人工手播的，根长可达稻谷长度的 1/3，芽长可达 1/5～1/4，切不可过长。

(4) 精细播种

①整齐铺好育秧盘（每亩大田备足 22～30 张），双膜育秧的铺好带孔底膜（每亩大田 6～7 米^2）。

②均匀铺土。将营养土均匀平整地铺放在软盘或底膜上，底土厚控制在 2～2.5 厘米（盘育秧）或 1.8～2.0 厘米（双膜育秧），并喷水使底土水分饱和。

③精量播种。按每盘或每平方米计算芽谷播种量。以发芽率 90%和芽谷吸水 25%计算。如每盘原计划干谷 100 克（以 100%发芽率计），则每盘应播芽谷 140 克，原每平方米计划落干谷 700 克的，则芽谷播量为 970 克。

④播后均匀盖土（0.3～0.5 厘米），喷除草剂或敌克松 1.3 克/米^2（有效成分）。

⑤封膜、盖草。在秧床和覆膜之间，应覆一层薄稻草形成隔离层，既遮阳降温，又防止薄膜在雨后秧床上“贴膏药”，损害秧苗。

⑥封膜后灌一次平沟水，湿润秧板后排水，以利保湿促齐苗。

(5) 秧田管理

①高温、高湿促齐苗。播后 1～2 天内，苗床需保持高温、高湿，使出苗整齐，但要把中午膜内地表温度控制在 35℃以下（可采用两头通风或盖草帘降温）。同时，要注意秧田排水，避免降雨淹没秧床，造成闷种烂芽。

②及时揭膜炼苗。盖膜时间不宜过长，一般在播后 3～

5天。秧苗出土2厘米左右，第一完全叶抽出时，一方面防止高温灼苗，同时使秧苗逐渐适应膜外的自然环境的锻炼。其原则是：晴天傍晚揭，阴天上午揭，小雨雨前揭，大雨雨后揭，遇低温寒流，日揭夜盖。拱棚秧苗的炼苗，在秧苗现青后进行。不管是拱棚秧还是地膜秧，当最低温稳定在15℃以上时，即可拆棚或撤膜。

③水分管理。分水管和旱管两种。

1）水管：在揭膜前保持盘面（畦面）不发白，缺水补水；揭膜后到2叶期前建立平沟水；使盘面（畦面）湿润不发白；2～3叶期灌跑马水，前水不干后水不进，以利秧苗盘根。切忌长期深水。但遇强冷空气要灌水保苗，回暖后及时排水。移栽前3～5天控水。

2）旱管：采用旱育的管水方法是揭膜时灌一次足水，浸透床土后排放（也可喷洒补水），以弥补土壤水分不足。以后要确保两天田间无积水。若秧苗中午出现卷叶，可在傍晚后次日清晨人工喷洒1次，使土壤湿润即可。坚持不卷叶不补水，以保持旱育优势。

④施好断奶肥和送嫁肥。一般在1叶1心（播后约7～8天）施用。每亩秧田用腐熟人粪尿500千克，对水1 000千克，或用尿素5～7千克（每平方米7～10克），对水100倍，于傍晚结合补水浇施（床土肥沃的也可不施）。起秧前2～3天，每亩施用尿素5～6千克（每平方米7～8克）做送嫁肥。

⑤病虫防治。密切注意地下害虫、稻蓟马、灰飞虱、螟虫、稻瘟病及立枯病的发生。机插前每亩苗床用75％稻瘟必克20克，加20％稻螟克星100克，加吡虫啉20克，对水50千克喷雾，防止稻瘟病、稻蓟马、一代螟虫和灰飞虱等带入大田。防蝼蛄可上水趋赶或用48％乐斯本150毫升对少量水

拌干细土 15～20 千克，傍晚撒施。早春茬秧为防立枯病，在播前未作药剂灭菌处理的，揭膜后结合秧床补水，每亩秧床用 600～750 千克敌克松 1 000～1 500 倍液洒施预防。

⑥化控技术。为防止秧苗旺长，增强秧龄弹性的适应机插需要，对 4 叶龄栽插的秧苗，于 1 叶 1 心期每亩秧田用 15%多效唑粉剂 75～100 克喷粉，或可湿性多效唑粉剂 50 克对水2 000倍喷雾。床土培肥时已用过旱育秧壮秧剂的忌用。

4. 穴盘育秧技术及施肥要点　穴盘育秧是推广抛秧形成的一种塑盘穴播带土移栽的育秧方法，以后又被用于单苗穴播超高产栽培。穴盘育秧技术和机插小苗的育秧基本相同。

（1）床土准备　要经粉碎、过筛、培肥和土壤调酸和灭菌。

（2）种子准备　要经晒种、脱芒、选种、药剂浸种至种子露白发芽。

（3）育秧盘准备　现行穴盘每盘 352 孔，按每亩抛秧兜数准备育秧盘数。亩抛 2 万穴的，每亩需 57 盘；抛 1.5 万兜的，需 43 盘。穴播常苗的常有缺穴，按 80%成秧率计算，需比抛秧的增加 25%的秧盘。

（4）装土和精细播种　装土可在室内预先进行。每盘需用营养土 1.5 千克，先装至孔深的 2/3。抛秧的可用人工匀播，每穴平均 3～5 粒种谷，成苗 2～4 株，以利根系相互盘结，保证抛秧不散兜。单苗播种的要用专门的打孔播种板，播后撒营养土盖籽，将孔盖平。

（5）秧田排盘、覆膜、灌水　将育秧盘移入事先准备好的秧板，整齐排放，而后覆盖稻草和薄膜；在秧沟灌水至盘底的 1/3 处，使盘土水分饱和，而后自然落干。

（6）秧田管理　齐苗后注意揭膜炼苗（方法同机插秧），

要保持秧板湿润。每次灌水至秧盘底部 1/2 处。1 叶 1 心期看苗色施好断奶肥，每亩秧田施尿素 10 千克（由于营养土中已掺拌复合肥和壮秧剂，一般情况下不施断奶肥）。还要及时防治病虫害，带药入大田。

（7）重施送嫁肥　利用带土移栽的有利条件，在移栽前一天每公顷施尿素 30 千克（每盘 5～6 克），带肥移入大田，由于送嫁肥集中在秧苗根部，移入大田后即被稀释在根四周，不会造成“烧苗”，发挥了集中供肥、提高肥效的显著作用。据南京农业大学测定，每亩秧田施 30 千克送嫁肥，折合每亩大田只有 0.67 千克，但却发挥了每亩大田施 10 千克尿素面肥相同的作用。施用送嫁肥时要注意秧田要排干水，秧板不能有积水。

二、中稻本田期施肥方法

（一）氮肥的合理施量

氮肥的精确定量要解决施氮总量的确定，基肥、分蘖肥与穗肥比例的确定，以及根据苗情对穗肥施用作合理调节 3 个问题。

施肥总量的求取，可用斯坦福（Stanford）的差值法求取，其基本公式为：

$$\text{施氮总量（千克/亩）}=\frac{\text{目标产量的需氮量}-\text{土壤的供氮量}}{\text{氮肥的当季利用率}}$$

公式的实际应用要明确：目标产量的需氮量、土壤的供氮量及肥料当季利用率 3 个参数。只求取了能供当地应用的可靠的 3 个参数，公式才能在氮素精确施用中发挥广泛的实际指导作用。

1.3 个参数值的求取

(1) 目标产量的需氮量求取

目标产量需氮量＝目标产量×百千克稻谷需氮量/100

各地不同气候、生态和栽培条件下，高产田百千克稻谷的需氮量是不同的。应求出当地代表品种在不同产量水平时的百千克稻谷需氮量。笔者近年来对一些地方主栽品种高产田百千克籽粒吸氮量进行了测定，列于表 8-1 以供参考。

表 8-1　中稻代表产区地方主栽品种高产田百千克籽粒吸氮量

省份	地点	品种类型	代表品种	目标产量（千克/亩）	百千克籽粒吸氮量（千克纯氮）
黑龙江	建三江农场	粳稻	空育 131	700	1.2
江苏	江宁	常规粳稻	宁粳系列，武粳系列	700	2.1
江苏	江宁	杂交籼稻	Ⅱ优 107	600	1.75
江苏	常熟	杂交粳稻	常优 1 号	700	1.9
河南	商城国营农场	粳稻	宁粳 3 号	700	2.1
河南	商城国营农场	杂交籼稻	Y 两优 1 号	800	1.8
四川	郫县	杂交籼稻		800	1.75
贵州	贵阳	水稻所	茂优 601	750	1.7
云南	永胜	杂交籼稻	Ⅱ优 107	1 200	1.75

(2) 土壤供氮量的求取

①土壤供氮量受品种和土壤类型影响。笔者以近年来江苏省广泛种植的 19 个不同基因型水稻品种为材料，在 11 个县市区 196 个田块进行试验（表 8-2），研究江苏省不同类型土壤基础供氮能力。

无氮区 100 千克基础产量需氮量总平均值为 1.58 千克

(n=195)，变异范围 1.11～1.98 千克，差异极大（表 8-3）；按土壤类型和水稻品种分类统计，不同土壤类型和品种 100 千克基础产量需氮量的差异缩小。100 千克基础产量需氮量的平均值：常规粳稻品种在砂土、壤土和黏土上分别为 1.34、1.60 和 1.78 千克，杂交籼稻在砂土和壤土上分别为 1.63 千克和 1.71 千克，杂交粳稻品种在壤土上为 1.78 千克。总体上，生产 100 千克基础产量的需氮量粳稻高于籼稻，黏土多于壤土，壤土又多于砂土。

表 8-2 江苏省试验点的土壤类型和水稻品种

地点（县市区）	实施乡镇（个）	土壤质地			水稻品种
		砂土	壤土	黏土	
丹阳	11	粉砂土	马肝土	黄泥土	武香粳 14、9696、广陵香粳、9915
溧阳	3			鳝血白土、乌栅土	2105、9998、5356
溧水	2		黄白土	青泥土	Ⅱ优 084、5356
昆山	2			黄泥土、乌栅土	武运粳 7 号
仪征	8	小粉白土	黄白土	淤泥土	Ⅱ优 084、协优 63、9356
东海	5		腰黑黄土	砂姜黑土	华粳 2 号、早丰 9 号
楚州	5	砂土	两合土		武育粳 3 号
邳州	6	脱盐碱土	黄土	老黄土、淤泥土	早丰 9 号、连粳 6 号、连嘉粳 1 号
张家港	6		砂黄泥土	黄泥土	9915
姜堰	4	高砂土、小粉浆土		勤泥土	武香粳 14、扬粳 9538
海安	4		潮土	水稻土	华粳 1 号

表 8-3 不同品种和土壤类型下百千克基础产量需氮量

水稻品种	土壤类型	试验点数（个）	100 千克基础产量吸氮量			
			平均值（千克）	变幅（千克）	标准差	变异系数（%）
常规粳稻	砂土	71	1.34	1.11～1.53	0.11	8.2
	壤土	36	1.60	1.45～1.85	0.1	6.3
	黏土	65	1.78	1.60～1.98	0.1	5.6
杂交籼稻	砂土	3	1.63	1.57～1.69	0.08	5.2
	壤土	6	1.71	1.67～1.78	0.05	3.0
杂交粳稻	壤土	15	1.78	1.69～1.86	0.05	2.8

②土壤供氮量与基础产量。直接利用不施氮空白区、施氮空白区稻谷产量及其 100 千克稻谷的需氮量，测得的稻谷需氮量，反映了土壤的综合供氮量（包括灌溉水、降水带入的氮以及生物固定的氮），便于在生产上直接应用。空白区基础产量的每百千克稻谷需氮量也随地力提高而增加，且受土壤特性的影响（图 8-1）。基础产量同为每亩 400 千克左右的地力水平，每百千克稻谷的需氮量，黏土地为 1.7 千克（1.6～1.9 千克），而砂土地为 1.5 千克（1.4～1.6 千克）。按不同土类建立不同基础产量与百千克稻谷吸氮量和土壤供氮量的回归方程，便可根据基础产量较精确地判明土壤供氮量。

③不同品种和茬口与空白区产量的关系。在同一地上，前茬小麦时水稻基础产量为 400 千克的，若前茬种植油菜，水稻基础产量会提高至 450 千克左右。因此，应分地区，按土类、地力和前茬分别测定，大量积累资料。

在同一地块上种植生育期长短不同的品种，土壤的供

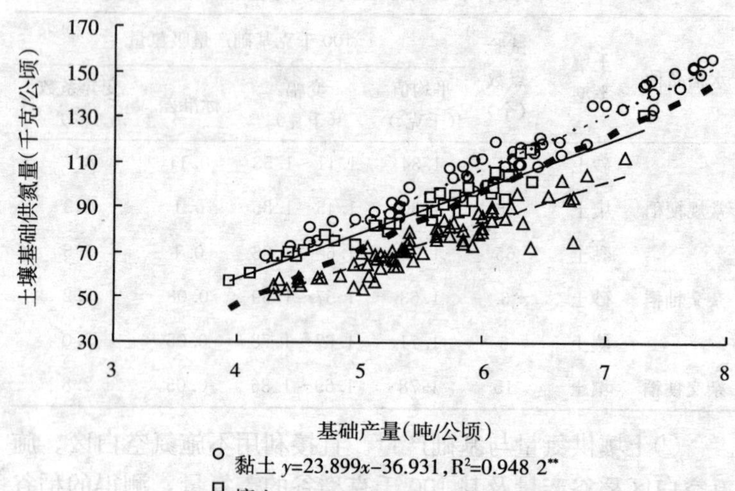

图 8-1　不同类型土壤上无氮肥区基础产量与土壤基础供氮量的关系

氮量也不同。江苏的测定，生育期差别在 10 天以上的品种，基础产量差异在 23 千克/亩以上，土壤供氮量的差异在 0.58 千克/亩以上，差异一般均在 5%以上。生育期相同的籼粳之间，同为粳稻的常规品种和杂交稻之间亦有显著差异，故应注意选择以当地占主体的或同类型的品种做试验测定，品种类型改变了，应重新测定。或在同一地块上，测定不同类型品种氮空白区的土壤供氮量，以备品种更换时参照应用。

④土壤供氮量的年份稳定性。作者通过不同地区的两年定点的分析发现，利用基础产量或者基础供氮量作为土壤供

氮量的指标在年度间是比较稳定的，其误差也在允许范围之内，表明各地基础产量两年间变化较小，绝对值在0.6～27千克/亩之间，变化在6%以内（0.15%～5.89%）：吸氮量在0.6千克/亩以下（0.01～0.59千克/亩），变化在10%以内（0.16%～9.39%）。

（3）氮素当季利用率的求取

①在施氮总量合理的前提下，基蘖肥和穗肥比例要合理。1992年以来，江苏各地进行的多点多年基蘖肥和穗肥比例（8∶2～3∶7）试验（品种总叶龄17左右，施氮量12.5～18千克/亩）表明，中、小苗移栽的（7叶龄以下）基蘖、穗肥比例以6∶4～5∶5（平均为5.5∶4.5）出现高产的频率最高，中、大苗（7叶龄以上）移栽的以5∶5～4∶6的高产频率最高。

专题试验对中粳稻大、中、小苗移栽情况下，适当的基蘖肥与穗肥比例及其产量及氮素当季利用率进行了测定（表8-4）。试验进一步明确了，在小苗（3.5叶龄）移栽时，以基蘖肥与穗肥6∶4时产量最高，氮素的当季利用率也最高（40.9%）；中苗（6.5叶龄）移栽时，以5∶5的产量和氮素利用率最高（43.3%）；大苗移栽时以4∶6的产量和氮素的当季利用率最高（44.5%）。这是因为小苗在大田期，穗分化以前的营养生长期较长，故以6∶4为宜；大苗在大田期的营养生长期较短，故基蘖肥的比例较小，以4∶6为宜。基蘖肥比例过大，无效分蘖多、穗小，降低了基蘖肥的利用率；基蘖肥比例过小，穗数不足，也影响了穗肥的吸收利用率。所以只有在上述基蘖肥与穗肥合理比例条件下，才能获得最高的产量和最高的氮素当季利用率（40.9%～44.5%）。

表 8-4　不同基蘖肥、穗肥比例对大、中、小苗产量和N素利用率的影响

基蘖肥：穗肥	小苗		中苗		大苗	
	产量（千克/亩）	N素利用率（%）	产量（千克/亩）	N素利用率（%）	产量（千克/亩）	N素利用率（%）
8∶2	550.9	38.3	578.8	34.9	530.0	34.4
7∶3	578.8	39.6	597.2	37.7	553.0	37.5
6∶4	597.4	40.9	623.3	40.3	569.6	40.3
5∶5	584.8	40.4	648.8	43.3	597.0	42.8
4∶6	567.2	39.6	633.3	42.6	621.9	44.5
3∶7	531.4	37.6	613.3	42.4	605.9	42.5
2∶8	507.6	37.4	583.3	37.4	572.2	38.7
空白区	338.7		341.8		318.4	

注：品种中粳早丰 9 号，17 叶，5 个伸长节间。施氮总量为 15 千克/亩。小苗：3.5 叶龄移栽，中苗：6.5 叶移栽，大苗：9 叶期移栽。

②对高产的施肥和氮素利用率作实地测定。先以两块亩产 700 千克以上高产田块及其空白对照区的吸氮量作分析（表 8-5）。锡山市的亩产 711.6 千克高产田的施氮总量为 16.99 千克，基蘖肥和穗肥的比例为 5.5∶4.5。成熟期测定稻株吸氮总量为 15.32 千克，来自土壤的 7.99 千克，来自肥料的为 7.33 千克（15.32－7.99＝7.33）。氮肥的当季利用率为 43.14%（7.33/16.99）。按同法，沛县亩产 700.5 千克高产田的氮肥当季利用率为 42.0%。两块高产田由于根据试验田的基础地力，采用了合理的施氮总量，并采用中粳稻中苗的基蘖肥与穗肥的合理比例（5.5∶4.5 和 5.2∶4.8），因而达到了 43.14%和 42.01%的氮素利用率以及预期的亩产 700 千克以上的高产。

表 8-5　两个 700 千克高产田氮肥当季利用率的测定

地点	产量（千克/亩）	吸氮总量（千克）	籽粒需氮量（千克）	植株中肥料氮量（千克）	施氮量（千克/亩）			基蘖肥和穗肥比例	氮当季利用率（%）
					总量	基蘖肥	穗肥		
锡山	711.6 424.2（空白区）	15.32 7.99	2.15 1.88	7.33	16.99	9.4	7.59	5.5∶4.5	43.14
沛县	700.5 376.5（空白区）	14.79 5.45	2.11 1.44	9.34	22.29	11.55	10.74	5.2∶4.8	42.01

但就目前大面积中苗移栽的情况下，氮素当季利用率取平均值 42.5%（40%～45%）为宜（最低的取 40%），穴播带土移栽小苗，可提高至 45%～50%，可以省肥。

2. 中稻高产施氮增产技术

（1）*氮肥后移*　总氮量确定后，不同时期的分配对水稻产量影响很大。水稻施肥可分为基肥、分蘖肥、穗肥、粒肥（视水稻生长势而取舍）4 个时期。基肥于水稻移栽前施入土壤，结合最后一次耙田施用。分蘖肥在移栽或插秧后半个月时施用。穗肥分为促花肥和保花肥，促花肥是在穗轴分化期至颖花分化期施用，此期施氮可增加每穗颖花数。保花肥是在花粉母细胞减数分裂期稍前施用，具有防止颖花退化和增加茎鞘贮藏物积累的作用。粒肥具有延长叶片功能、提高光合强度、增加粒重、减少空秕粒的作用，尤其群体偏小的稻田及穗型大、灌浆期长的品种。但在穗肥施用合理的情况下，不建议施用粒肥，尤其不可偏氮，以免贪青晚熟。氮肥后移就是将基肥和分蘖肥比例降低，增加穗肥的比例，一般中稻基蘖肥与穗肥的比例为 6∶4～5∶5 效果较好。

其中基肥和蘖肥的比例：中、大苗移栽的，基肥一般应占基蘖肥总量的 70%～80%，以减少氮素的损失，分蘖肥占20%～30%。

机插小苗移栽后，对基肥的吸收利用率很低，基肥宜少，以占基蘖肥总量的20%～30%为宜；应以分蘖肥为主，占基蘖肥总量的70%～80%。如按中、大苗移栽的习惯，以70%～80%的比例施用基肥，如土壤通透性差，常会引起僵苗。

塑盘穴播带土移栽的小苗，重施送嫁肥，可使秧苗移入本田后在根际集中较高的氮素浓度，显著提高肥效。据观测，秧田施30千克尿素作送嫁肥，折合每亩大田为0.7～1.0千克尿素，其肥效相当于大田普施基蘖肥3～4千克/亩尿素的肥效，应在基肥中扣除。

基肥在移栽前整地时耕（旋）入土中，要求均匀，土肥相融。

追肥时间：以长出新根后及早施用。中、大苗移栽的，应于移栽后1个叶龄（约5天）施用。施后离有效分蘖临界叶龄期一般有4个左右（3～5）叶龄期，一般不宜再施第二次分蘖肥。如在N－n叶龄期前发现肥力不足，也不宜施氮肥，在施用穗肥时加以补救；如在N－n－2叶龄期发现明显的“黄塘”或缺肥，可及时补施少量氮素肥料促平衡，但务求能在N－n叶龄期以后叶色及时褪淡。

机插小苗一般在移栽后第三个叶龄期开始分蘖。专项试验证明，分蘖肥在移栽后第二个叶龄（约10天）施用，于第三个叶龄期开始发挥肥效；由于蘖肥的数量大（占基蘖肥的70%～80%），肥效延续的时间长，能有效促进第七、八、九、十及十一叶龄期同伸有效分蘖的发生。到12叶期以后，肥效显著减弱，叶色开始褪淡，故并不需要施第二次分蘖肥。

塑盘穴播带土移栽的小苗，4 或 5 叶期移栽，单季稻离有效分蘖临界叶龄期一般有 7～8 个叶龄期，分蘖期有可能施用二次分蘖肥（尤其在减少基肥用量的情况下）。第一次移栽后一个叶龄，施蘖肥计划量的 60%左右，第二次在第一次后的 2 个叶龄，离有效分蘖临界叶龄期（N—n）前 4 个叶龄，占 40%左右，二次蘖肥既能提高肥效，又能保证 N—n 叶龄期后叶色及时褪淡。追分蘖肥时宜浅水，施后落干，以利提高肥效。

（2）穗肥调节　在施氮总量和前后分配数量被确定，且按计划施用了基蘖肥后，在施用穗肥时，必须根据群体苗情变化，对穗肥施用的时间和数量分配做进一步调节定量。

①分蘖临界期（N—n 叶龄期）、穗分化中期（倒 2 叶出生期）和齐穗期是水稻穗粒形成的 3 个关键时期。试验表明，N—n 叶龄期以前（N—n—1 以前）顶 4 叶叶色深于顶 3 叶的情况下，有效分蘖阶段的分蘖发生率才能达到 90%以上，而当 N—n 叶龄期以前群体“落黄”时，分蘖发生呈几何级数下降。高产群体要求在 N－n－1 叶龄期以前，顶 4 叶要深于顶 3 叶，N—n 叶龄期两叶色相等，N—n＋1 叶龄期以后，顶 4 叶要淡于顶 3 叶。

②倒 2 叶期、齐穗期顶 3 和顶 4 叶叶色差对稻穗颖花分化和颖花结实有明显影响。当水稻顶 3 叶和顶 4 叶叶色相当时，每穗的分化颖花数最多，颖花的结实率最高。可见，N—n 叶龄期、倒 2 叶期和齐穗期顶 4 叶和顶 3 叶叶色相近，是水稻穗粒形成正常的一种象征。

水稻分蘖期的氮素营养水平和叶色差，决定于基蘖肥。生产实践中，在基本苗和基蘖氮肥按高产要求定量的情况下，N—n 叶龄期的群体茎蘖数、LAI 和干物质积累量一般不会过多偏离高产的要求。如群体发展数量和叶色按预期的要求发展，则可按原定的穗肥总量和促花肥（倒 4 叶露尖）、保花肥（倒 2 叶出生）的分次施用的数量施用。粳稻以促花肥为主占穗肥总量的 60%～70%，保花肥占 30%～40%；杂交籼稻以保花肥为主，占穗肥总量的 60%，促花肥占 40%。

如群体落黄早，出现在 N－n 叶龄期，或 N－n 叶龄期不够苗，应提早到倒 5 叶期开始施穗肥，并于倒 4、倒 2 叶分 3 次施用。氮肥的数量比原计划要增加 10%～15%，3 次施用的比例为 3∶4∶3（粳稻）或 3∶3∶4（籼稻）。提前 3 次并施用穗肥的作用是可以争取 N－n＋1 叶龄期的分蘖成穗，增加穗数，同时又不会导致无效分蘖的增加；长穗期持续稳定地提高氮素营养水平，可以显著促进大穗，夺取高产，是对前期发展稍有不足群体的有效调节措施。

如 N－n 叶龄期以后顶 4 叶＞顶 3 叶，穗肥一定要推迟到群体叶色“落黄”时才能施用，且次数只宜 1 次，数量要减少，作保花肥施用。

对于 N－n 叶龄期过苗（茎蘖数过多），高峰苗达适宜穗数 1.7 倍以上的过大群体，只要在 N－n＋1 至 N－n＋2 叶龄期能正常“落黄”的，还应按原计划在倒 4 及倒 2 叶施用穗肥，穗肥数量不能减少，因为这类群体需氮量大，有了足够的穗肥，可以保证强势茎蘖的需要，获得较多的穗数，获得高产。

水稻 N－n 叶龄期以后至穗分化开始是实行肥水调控的关键时期。群体的发展极为多样，但基本上是上述 4 种。了解和掌握了这 4 种调节的原则和方法，便于举一反三，区分实际情况，正确调节。

（二）磷肥的合理施用

1. 施磷量的确定　合理施用磷肥是提高水稻产量和品质的主要施肥措施之一。关于磷肥用量的研究，国内外近年应用较多的方法有：

（1）土壤有效磷肥力指标法　根据土壤有效磷测定值的分级标准决定磷肥用量。

（2）磷指标法（PFI 法）　根据土壤磷的容量和强度测定得出磷肥指数，计算不同土壤的磷肥用量。

（3）肥效函数法（FEF 法）　根据磷肥肥效函数求出最高产量和最佳产量的磷肥用量。

（4）土壤磷素等温吸附曲线法（PAC 法）　根据磷酸吸收指数决定磷肥用量。

磷指标法既有土壤磷素等温吸附曲线法的严密性，又有土壤有效磷肥力指标法的简易直观性。根据磷指标值计算的磷肥建议施用量也比较符合生产实际。其计算公式为：

施磷量＝磷肥指数×（土壤磷临界值－实际土壤有效磷含量）

所谓磷肥指数，即每增加单位土壤有效磷含量所需施入的磷肥数量。磷临界值是指施磷后作物不再增产时的土壤速效磷含量。这种方式在测土配方施肥试验的地区均可以计算。

2. 磷肥合理施用时期　中稻幼苗期是需磷的关键时期，苗期缺磷，后期追肥难以补救。因此，磷肥应尽量作基肥或种肥早施。如果来不及作基肥、种肥，应尽早追施，施后灌水。磷肥有较长的后效，不需要每季作物都施，应重点施在最好的茬口上。例如，小麦（或油菜）和水稻轮作地区，磷肥应施在小麦（或油菜）上，水稻利用其后效。绿肥和中稻轮作时，绿肥要施足磷肥；以磷增氮，早、晚稻利用其后效。

3. 磷肥种类 我国的磷肥品种大体可分为以下四类：

水溶性磷肥：包括普通过磷酸钙、重过磷酸钙、磷酸一铵、磷酸二铵等。

枸溶性磷肥：包括钙镁磷肥、钢渣磷肥、沉淀磷酸钙等。

混溶性磷肥：即含有水溶性、枸溶性甚至难溶性磷的磷肥，如硝酸磷肥、节酸磷肥（又称部分酸化磷矿粉）、氨化普通过磷酸钙等。

难溶性磷肥：如磷矿粉等。一般说，水溶性磷肥适用于一切土壤、一切作物，但最好用于中性和石灰性土壤。枸溶性磷肥适用于酸性土壤，此时，其等量的肥效常可高于水溶性磷肥。难溶性磷肥则只适用于强酸性土壤（pH<5.5）。

（1）*磷酸铵（包括磷酸一铵和磷酸二铵）* 磷酸铵适用于我国土壤。我国生产的磷酸铵中的氮、磷含量为18-46-0，这种氮、磷比例除豆科外，对大多数作物特别是水稻都不适于直接施用。因为大多数作物，特别是水稻，基肥中所需的氮要比磷高，如以氮肥为准，则磷肥可被浪费，如以磷肥为准，则氮肥又嫌不足。所以在用磷酸铵作基肥时，必须很好地考虑氮、磷比例，以免造成浪费。

（2）*硝酸磷肥* 硝酸磷肥中的磷有一部分是水溶性，另一部分是枸溶性，两者的比例视工艺不同和氨化程度不同而有差异。其水溶性部分可为0～80%，一般认为，水溶性磷高于50%～60%的硝酸磷肥适于一切作物和大多数土壤。硝酸磷肥中的氮有铵态和硝态两种，由于硝态氮在水田中易于淋失并进行反硝化作用而损失，一般不主张硝酸磷肥用于水稻。有报道说，硝酸磷肥在水稻田上也有很好的肥效，这完全可能。因为影响肥效的因素是多方面的。但是，除非已经采取淋失和反硝化的措施，否则硝态氮部分的损失是不可避免的。

（3）*磷矿粉*　磷矿粉是一种难溶性磷肥，我国曾几次在全国范围内推广，但都没有巩固，现在还有少部分地区在使用。我国磷矿资源大部分在中低品位，其中相当一部分不适宜于制造化学磷肥。为了充分利用磷矿资源，缓解磷肥供求矛盾，把那一部分不适于工业利用却有一定肥效的中低品位磷矿利用起来是需要的。过去在我国磷矿粉推广不理想，原因是多方面的，今后磷矿粉应该在我国农业上发挥应有的作用。当然磷矿粉只是磷肥中的一个补充性地方品种。磷矿粉推广时必须注意：

（1）土壤必须酸性，一般 pH≤5.5。

（2）磷矿粉的性质必须适合于直接施用。

（3）应该主要用在旱作物上，特别是生长期长的经济林木上。掌握以上 3 点，就一定能把磷矿粉的推广工作做好。

4. 节酸磷肥　节酸磷肥在化学加工中，加酸量为生产普通过磷酸钙的 30%～60%，其优点是节约硫酸，降低成本并能利用较差品质的磷矿。节酸磷肥适用于酸性土壤，但当水溶性磷占有较大比值时，其使用土壤范围可以有所扩大。

（三）钾肥的合理施用

1. 因土施钾　土壤缺钾的程度是钾肥有效施用的先决条件，首先要考虑土壤速效钾含量对钾肥肥效的影响。钾肥肥效大小与土壤速效钾丰缺关系密切，即在其他条件相同的情况下，土壤速效钾含量越低，钾肥当季肥效越好。土壤速效钾含量小于 40 毫克/千克为极缺钾的土壤，钾素已成为作物增产的限制因素，应优先施用。每亩施用氯化钾或硫酸钾 10～20 千克，无论什么土壤和作物，增产效果都非常显著。土壤速效钾含量 40～80 毫克/千克时为缺钾土壤，每亩施用氯化钾或硫酸钾 10～20 千克，增产效果也很显著。

以往的研究认为，以土壤速效钾含量 100 毫克/千克作为是否缺钾的标准，但江苏省在 20 世纪 90 年代全省实施的“补钾工程”的多点施钾试验的结果，在土壤速效钾含量 67～180 毫克/千克（多数为 100 毫克/千克左右）条件下，施钾都有增产效果，以亩施氯化钾或硫酸钾 10～20 千克最为适宜，超过 30 千克，无显著效果或减产。由于稻株对钾素的形态反应远不如氮素敏感，即使过量吸收，一般并无明显的不良反应。因此，在高产栽培中很可能出现钾肥施用过量，造成浪费。

不同品种对钾肥的反应也不同，杂交稻、粳稻增施钾肥的肥效比高秆品种、籼稻及常规稻更好。

2. 钾肥合理施用时期

（1）*基蘖期施钾肥* 钾肥与磷肥一样，以基肥或早期追肥效果较好，因为作物的苗期往往是钾的临界期，对钾的反应十分敏感。钾盐的溶解度大，当季利用率高（40%～70%），但也容易淋洗损失。一般基蘖肥施钾量占总施钾量的一半，不仅可以满足水稻前期对钾肥的需求，也可以减少钾肥的损失。

（2）*幼穗分化期巧施钾肥* 江苏农垦在 20 世纪 80 年代在砂土（五里江农场）和黏土（黄河农场）上的测定，在灌水不栽稻情况下，83 天后土壤速效钾含量在黏土和砂土上分别下降14.48%和19.44%；在植稻情况下，83天后分别下降27.74%和62.62%，反映了水稻田必须重视后期的补钾，尤其是砂土田。随着水稻丰产的不断提高，土壤钾消耗迅速，必须重视补钾。施用最佳时间为水稻拔节期，应施入总施钾量50%。

（3）根外追（喷）施钾肥 根外追（喷）施钾肥具有吸收快、肥效好、供应及时等诸多优点。根外喷钾结合防治病虫害一起进行，可节省劳力。其主要技术是选好钾肥种类。实践证明，根外喷施钾肥宜选用磷酸二氢钾、硫酸钾、优质草木灰浸出液等速效钾肥，不宜使用氯化钾，因氯离子渗透性强，大量进入植株体内可引起毒害，降低品质。喷施钾肥主要在幼苗期和开花后，喷施浓度：磷酸二氢钾以0.5%～0.8%为佳，硫酸钾以0.8%～1.0%较好，草木灰浸出液以3%～5%适宜，浓度不宜过大，以免发生肥害。根外喷施钾肥宜在阴天或晴天上午9时之前和下午5时以后进行，中午高温时间不宜喷施。在肥液中加入适量中性洗衣粉等作黏着剂，以尽量延长肥液在叶面停留的时间，保证叶片充分吸收，提高肥效。喷施钾肥时注意叶片正反两面都要喷洒均匀，每亩喷肥液60千克为好。通过叶面施肥，补充植株钾养分，提高抗性，减少病虫害，增加结实率和千粒重，达到高产、稳定。

（四）硅肥的合理施用

硅元素被国际土壤界认为是继N、P、K之后第四种植物营养元素。日本、韩国、朝鲜、菲律宾、泰国以及我国台湾等也开始积极推广使用硅肥，其增产增收效果显著。四川、广西和云南等省（自治区）也于20世纪80年代开始大面积使用硅肥，均获得显著的经济效益，一般增产10%以上。硅虽不是所有作物都需要的营养元素，但对禾谷类作物，特别是水稻有明显的增产作用。水稻是吸收硅较多的作物，一般茎叶中含有二氮化硅10%～20%，水稻体内硅酸含量约为氮的10倍，磷的20倍左右。水稻缺硅，容易导致茎秆细长软弱，易倒伏，且易感染病害，前期缺硅使水稻成穗数减少，后期缺硅则小穗数减少，水稻的优质、高产就没有了保障。给水稻合理施用硅肥，通过提高穗粒重和提早成熟达到增产。特别是在新改水田以及酸性土壤上，水稻施用硅肥的效果更为明显，增产幅度也相应增大。硅对水稻的作用主要表现在以下几方面：

①能使水稻的叶片、叶鞘、茎、根、表皮形成硅胶层，从而增加水稻表皮细胞的坚韧性，阻止病菌入侵，增强水稻抗病性。

②可调节水稻植株水分的消耗，硅酸充足时能明显减弱叶片蒸腾的强度。

③能改善水稻株型，充分吸收硅的水稻其受光姿态好，有利于提高光合效率。

④能促进水稻对磷的吸收，减少磷的吸附和固定，提高磷的有效性，改善水稻磷素营养状况。

⑤能降低土中过量的铁、锰对稻根的毒害。

由于硅的生产规格不一，用量也不相同，一般有效硅含量在50%～60%的硅酸钠亩用量为6～10千克，硝基黄腐酸螯合硅酸钙亩用量为4千克，而热电厂的粉煤灰亩可用100～150千克。

施用时期以水稻生长前期施用效果较好，一般作基肥或分蘖肥，在分蘖期至拔节期前施用。另外，还可进行根外喷施，在水稻分蘖盛期亩喷高效速溶硅肥 100 克，对水稻的增产作用十分显著。

（五）锌肥的合理施用

1. 锌对水稻作用　锌虽然仅仅只是一种微量元素，但对水稻等喜锌作物作用很大，增产效果很好。这主要是由于锌是一些酶的组成成分，并与叶绿素的合成和碳水化合物的转化有关，能提高光合作用，有利于光合效率的提高。水稻对锌元素非常敏感，缺锌会导致植株出叶缓慢，新叶短而窄小，叶色较淡，特别是基部中脉附近褪成黄白色，严重的植株明显矮化丛生，很少分蘖，田间常表现参差不齐，稻株根系老朽，呈褐色，俗称"僵苗"。抽穗期出现"扬花不收"，严重田块甚至毁苗绝收。大面积实验结果表明，合理施锌后，水稻株高、有效分蘖数、每穗粒数、千粒重都有增加，空秕率有所降低，一般可增产 15%以上。特别是在酸性土壤、石灰性土壤以及冷浸田、新改水田施用锌肥作用更为明显。

2. 水稻施锌方法　水稻施锌有多种方法，在实际操作中可根据具体情况选用合适的方法。

（1）大田底施　亩施 1 千克锌作基肥，能大大提高稻米品质，增加明显。基肥施 1 次锌，可使两茬作物不会缺锌。

（2）磷锌配施　磷锌肥配合施用能促进水稻吸收能力，提高秧苗抗逆性，预防稻田气温低等原因发生的僵苗现象。一般在水稻插后活蔸 7 天，亩施锌磷（1∶10 比例）混合肥 18 千克左右，能提高产量，增强抗逆性，改善米质。

（3）苗床施锌　移栽前 1 天每平方米苗床喷施 40 克硫酸锌，对成溶液后用大眼壶喷施，然后用清水洗。

（4）蘸秧根肥　水稻秧苗移栽时，每亩大田用硫酸锌0.5千克加20倍过筛有机肥，用水调成糊状，随蘸随插秧。

（5）大田面肥　水稻整地移栽时，每亩撒施1千克硫酸锌于田间作面肥。

（6）苗时追肥　每亩用1千克锌肥，于水稻插秧缓苗后喷施。

（7）叶面喷肥　每亩用0.2%～0.3%的硫酸锌溶液50～60千克叶面喷施2次，2次间隔4～6天。

（六）镁肥的合理施用

早在1938年，镁就被证实为植物生长发育必需的元素。植物所需的镁主要来自土壤，随着氮、磷、钾化肥用量的增加和有机肥用量的减少，以及高产耐肥品种大面积种植，复种指数不断提高，高含镁的作物不断携出农田，同时土壤又长期缺少镁肥补充，因而土壤镁逐渐耗竭，植物缺镁现象在各地陆续出现。当镁营养不足时，植物的叶绿素含量下降，叶片失绿，光合强度降低，碳水化合物、脂肪、蛋白质的合成受阻，产量和品质下降。随着产量水平的提高及化学氮、磷、钾肥的大量施用，镁在水稻生产中的作用将日趋重要。近几年，一些地区为矫正缺镁导致的营养失调症在稻田上施用镁肥确实取得了增产的效果，主要表现在矫正黄叶病，提高有效穗数、结实率、株高、穗长和千粒重。增产幅度因土壤缺镁的程度而有所不同，一般在5%～40%之间。

施用镁肥能改善稻米品质，镁肥能增加稻米出糙率、精米率、整精米率，显著降低稻米垩白率和垩白度，显著提高精米中的镁钾元素含量。

目前用于镁素肥料的只有钙镁磷肥和硫酸镁等，施用方法只有作基肥一种。近年又开发出新的镁肥种类和新的施肥方式，如生物肥、叶面肥及其配套施用方法，由于不同品牌含量和功效差异，这些肥料的运用可以参照相关肥料说明书。

（七）硫肥的合理施用

水稻的缺硫症状：移栽后返青慢；幼叶呈淡绿色或黄绿色，叶片薄，叶尖焦枯；不分蘖或分蘖少，植株瘦矮；根系呈暗褐色，白根少；成熟期延迟，产量降低。在中国南方，水稻移栽后常出现生长缓慢、叶片发黄的“坐蔸”现象，往往与缺硫有关。

稻田土壤有效硫的临界值：土壤有效硫的临界值因提取剂不同而异，氯化钙（0.15%）提取法为10毫克S/千克；磷酸一钙提取法为10毫克S/千克；莫根（Morgan）提取法为13毫克S/千克；醋酸铵（0.5摩尔）＋醋酸（0.25摩尔）提取法为11毫克S/千克；而热水溶解法为10毫克S/千克。

目前世界水稻缺硫的国家主要有孟加拉国、中国、印度、印度尼西亚等国。施用硫肥能有效地纠正水稻缺硫病症。在孟加拉国硫的效应和氮相似，增产幅度为19%～40%；在中国增产幅度为5%～57.0%，平均增产15.7%。许多因素影响到硫肥效应，如轮作制度、生长季节、土壤类型和有机质含量，以及雨水和灌溉水中的硫含量等。水稻硫肥用量通常为2～3千克S/亩。中国南方冷浸田缺硫现象较普遍，施用含硫肥料可以增加产量。通常每亩用石膏1～2千克或硫黄0.5千克蘸秧根，也有用过磷酸钙5千克/亩蘸秧根。石膏做面肥撒施时，通常用量为5～10千克/亩。作物在严重缺硫的情况下，可考虑用0.5%～2%硫酸盐溶液进行根外追肥。

第九章　中稻施肥发展趋势和展望

如何协调作物和土壤两者之间的供需平衡，按需施肥，从而使土壤供氮水平与作物需氮水平同步变化，是提高水田系统中氮肥利用效率的有效途径和关键所在，而这最终依赖于对土壤或作物氮素状况的快速、精确的诊断和评价。

一、叶色快速诊断推荐施肥

由于稻田土壤氮素状况随环境及时空的变化较大，因此确定稻田土壤供氮能力十分困难。而植株生长所需氮素主要来源于土壤，因此，适时监测植株氮素状况，即可推定土壤氮素供应丰缺状况，从而用于指导氮素追肥管理。植株的氮素状况可以通过叶色反映，因此可以通过叶色诊断氮素供应状况。叶绿素计能快速、简便、较精确、非破坏性地监测植物氮素营养水平，并能及时提供追肥所需的信息。叶绿素计种类较多，在应用上基本相似，而其中以SPAD-502应用最广。由于SPAD-502是通过叶色（SPAD值的大小）来间接反映植株的氮素营养状况，因此，克服各种外界因素对SPAD读数的影响，从而提高诊断精度是最需要研究的问题。科学家首先成功运用了SPAD临界值对水稻追肥进行了研究，发现当选用35作为

IR72 的临界 SPAD 值指导氮肥追肥时，水稻产量能达到最高产量的 93%～100%，同时氮肥的农学利用效率显著提高，而以 37 作为 IR72 的临界 SPAD 值来指导追肥，氮肥农学利用效率则显著降低。以后的大量研究表明，选择合适的 SPAD 临界值来指导适时追肥与其他方式的氮肥管理方案相比，可以明显降低氮肥用量，稻田氮肥利用效率得到显著提高，同时其产量水平也能达到或超过其他氮肥管理方式的产量水平。但运用临界值法没有解决品种、生态环境的影响，给 SPAD 临界值的选取和实际应用带来困难。有科学家设想用 SPAD 的充足指数 SI（Sufficient Index，定义为充足施肥水稻叶片 SPAD 读数的 90%）来消除品种、生育期和地点的差异，即当水稻叶片 SPAD 值低于 SI 时追肥。并提出，在菲律宾，当水稻叶片 SPAD 值低于 SI 时，雨季和旱季每亩水稻分别追施 2 千克和 3 千克纯氮可以明显提高氮肥农学效率，并不降低产量。这种方法可以降低因品种、生育期等对 SPAD 读数影响产生的诊断误差，但缺点是必须有一个充足施肥水稻田作为参照，因此在实际推广应用中也存在着一定的局限性。用顶 4 叶与顶 3 叶的 SPAD 读数的比值来诊断水稻氮素营养不受品种、生育阶段和生态环境的影响，因此可以用它们的比值（RSPAD 值）的大小来确定植株氮素的状况。有科学家提出 RSPAD=0 时可能是抽穗后高产水稻含氮量适宜的表现，低于 0 时就说明水稻叶片氮素营养不足，需追肥。但其确切的施肥量还有待研究。

由于 SPAD 价格较高，因此近来选用叶色卡等方法的比较普遍。完全可以相信不久的将来将会有新型实用仪器的发明来诊断水稻营养状况，并提出施肥方案。

二、信息技术

随着田间采样技术的发展，尤其是各种遥感技术的改进以及遥感获取参数和实际田间作物、土壤参数间相关模型研究的进一步发展，具有采集面数据优势且省工、省力的遥感技术成为田间信息获取最主要的手段，由此产生推动信息技术的快速发展也在水稻养分资源管理中起了重要作用。农业信息技术可对作物生育过程及其环境和技术的关系乃至整个生产系统进行综合的计算机模拟、动态预测和科学决策，从而建立作物系统模型及生产管理决策系统，为发展精确农业和持续农业生产提供新的研究和决策工具，推动农业系统管理的规范化、定量化、信息化和科学化（曹卫星，2000），根据土壤肥力、施肥量与产量、吸收量、植株养分浓度关系，不同科学家提出了多种形式的肥料效应方程。如一元肥料效应模型，包括二次方模型、平方根模型、二次方加平台模型、直线加平台模型、Mitscherlich 模型等，二元肥料效应模型以二次多项式函数模型应用较多。

但是遥感技术存在的不足不是一年两年就能解决的，也不是三年五年就能发展到完全适应精准农业的需要。因此分析传统采样方法获得的点数据并进行空间插值仍是未来几年、十几年内主流的方法，然而就国内而言，大部分的施肥系统都没有集成半变异函数分析及空间插值模块，这是研究开发中需要加强的方面。

精准施肥系统和变量施肥机的结合是精准施肥策略田间实现的必然趋势，因此在施肥系统中集成和施肥机的接口模块成为现实的需要。

变量施肥模型的可靠性是决定施肥效果、效益的决定因素，然而现有施肥模型在科学性、施肥参数的易得性和稳定性、施肥参数尺度转换 3 个方面难以满足精准施肥的要求，尚缺乏理论上的统一。然而由于土壤、作物、气候等很多因素的影响，精确可靠、适用性强的施肥模型的研究仍是一项难度较大的工作。因此一方面要开辟新的途径，发展更好的施肥模型，另一方面在施肥系统选择施肥模型时，要从系统的应用目的出发，选择准确性好，目标适用的施肥模型。

网络施肥系统在我国已有部分人在研究，但由于此类系统普遍采用客户/服务器的模式构建，因此在数据处理、传输等方面受到限制，从而限制了网络施肥系统向多功能方向的发展。但网络化是信息化发展的一个趋势，开发新的技术，是实现网络系统的多功能、高效率为主施肥系统发展的重要方向。

三、水稻精确定量施肥

目前大面积上，不少地方凭经验施肥，甚至没有合理确定总施氮量的概念，见苗叶色不深就追肥，见苗长得不旺就施肥，见他家苗叶色比自家深就赶快追肥，因此氮肥施用量普遍偏多。氮肥施用总量的科学定量必须从水稻的需肥规律、土壤供肥规律、肥料的利用效率规律 3 个方面综合考虑，缺一不可。因此，运用斯坦福方程精确确定氮肥的施用总量是行之有效的。著名水稻栽培专家凌启鸿教授等发明了水稻精确定量栽培技术，根据高产水稻的生育规律，在最关键的叶龄期，用最少的作业次数，最经济的种、肥、水、药，获得最高的产量、最大经济效益和生态效益的系统的栽培新体系。近年来在国内外推广应用，体现了显著的节本增效特点，但不少地方还缺乏公式中参数取值的必需的参考资料，即使有了部分数据，也还待加快试验开发与完善。

附　　录

附录一　常用化肥的成分、性质和施用方法

名称	有效成分及含量	性质	施用技术要点
硫酸铵（简称硫铵）	铵态氮，含氮20%～21%	速效性，生理酸性	1次可施10～20千克/亩，干施或冲水浇施，不可与碱性物质（如草木灰、石灰等）混合，以免有效成分挥发损失
碳酸氢铵（简称碳铵）	铵态氮，含氮17%	速效性，易挥发，生理中性	1次可施用15～25千克/亩，深施盖土或冲水浇施，干施时，切勿碰到茎叶，以免灼伤，影响生长
氯化铵	铵态氮，含氮24%～25%	速效性，生理酸性	1次可施用15～20千克/亩，干施或冲水浇施，不可与碱性物质混合，以免有效成分挥发损失
尿素	酰胺态氮，含氮46%	稍迟效，生理中性	可作基肥、追肥施用，含氮肥量高，在土壤中易转化为铵态氮，保护地施用时为避免发生肥害，须将一次用量减至5千克/亩以下，并冲水均匀浇施，还可以0.1%～0.2%的浓度作根外追肥
氨水	铵态氮，含氮15%～17%	速效性，生理中性	可作基肥、追肥施用

（续）

名称	有效成分及含量	性质	施用技术要点
硝酸铵	铵态、硝酸态氮，含氮15%～17%	速效性，生理中性	所含硝酸态氮不能为土壤胶体吸附，易流失，水田不宜施用，旱地要深施盖土，不能与碱性物质混合
过磷酸钙	磷酸一钙，含磷16%～18%	速效性，生理中性	可作基肥、追肥施用。1次用量15～25千克/亩，易与土壤中钙或铝结合形成难溶性磷酸，因此，最好与有机肥料混合后条施或穴施，也可用1%～3%的浸出液行根外追肥
磷酸钙	磷酸三钙，含磷14%～30%	迟效性，一般仅有3%～5%磷酸为柠檬酸溶性，可被作物吸收	不宜用作追肥，作基肥时应先与有机肥料混合堆沤后再施。宜在酸性土壤施用，在石灰性土壤上施用肥效不易发挥。施用时要与土壤充分混合
钙镁磷肥	磷酸三钙，含磷16%～18%	迟效性，化学碱性，生理碱性	不宜用作追肥，作基肥时应先与有机肥料混合堆放后再施，适用于酸性土壤
硫酸钾	含水溶性钾48%～52%	速效性，生理酸性	由于含钾量高，一次用量不要超过5～10千克/亩，可作基肥或追肥施用
硝酸钾	含水溶性钾45%～46%，含氮13%～15%	速效性，生理中性，复合肥料	由于含钾量高，一次用量不要超过5～10千克/亩，可作基肥或追肥施用，易流失，水田不宜施用
氯化钾	含水溶性钾50%～60%	速效性，生理酸性	由于含钾量高，一次用量不要超过5～10千克/亩。可作基肥、追肥施用

附录二 常用有机肥养分含量

代码	名称	风干基			鲜基		
		N（%）	P（%）	K（%）	N（%）	P（%）	K（%）
A	粪尿类	4.689	0.802	3.011	0.605	0.175	0.411
A01	人粪尿	9.973	1.421	2.794	0.643	0.106	0.187
A02	人粪	6.357	1.239	1.482	1.159	0.261	0.304
A03	人尿	24.591	1.609	5.819	0.526	0.038	0.136
A04	猪粪	2.090	0.817	1.082	0.547	0.245	0.294
A05	猪尿	12.126	1.522	10.679	0.166	0.022	0.157
A06	猪粪尿	3.773	1.095	2.495	0.238	0.074	0.171
A07	马粪	1.347	0.434	1.247	0.437	0.134	0.381
A09	马粪尿	2.552	0.419	2.815	0.378	0.077	0.573
A10	牛粪	1.560	0.382	0.898	0.383	0.095	0.231
A11	牛尿	10.300	0.640	18.871	0.501	0.017	0.906
A12	牛粪尿	2.462	0.563	2.888	0.351	0.082	0.421
A19	羊粪	2.317	0.457	1.284	1.014	0.216	0.532
A22	兔粪	2.115	0.675	1.710	0.874	0.297	0.653
A24	鸡粪	2.137	0.879	1.525	1.032	0.413	0.717
A25	鸭粪	1.642	0.787	1.259	0.714	0.364	0.547
A26	鹅粪	1.599	0.609	1.651	0.536	0.215	0.517
A28	蚕沙	2.331	0.302	1.894	1.184	0.154	0.974
B	堆沤肥类	0.925	0.316	1.278	0.429	0.137	0.487
B01	堆肥	0.636	0.216	1.048	0.347	0.111	0.399
B02	沤肥	0.635	0.250	1.466	0.296	0.121	0.191
B04	凼肥	0.386	0.186	2.007	0.230	0.098	0.772
B05	猪圈粪	0.958	0.443	0.950	0.376	0.155	0.298
B06	马厩肥	1.070	0.321	1.163	0.454	0.137	0.505

（续）

代码	名称	风干基			鲜基		
		N（%）	P（%）	K（%）	N（%）	P（%）	K（%）
B07	牛栏粪	1.299	0.325	1.820	0.500	0.131	0.720
B10	羊圈粪	1.262	0.270	1.333	0.782	0.154	0.740
B16	土粪	0.375	0.201	1.339	0.146	0.120	0.083
C	秸秆类	1.051	0.141	1.482	0.347	0.046	0.539
C01	水稻秸秆	0.826	0.119	1.708	0.302	0.044	0.663
C02	小麦秸秆	0.617	0.071	1.017	0.314	0.040	0.653
C03	大麦秸秆	0.509	0.076	1.268	0.157	0.038	0.546
C04	玉米秸秆	0.869	0.133	1.112	0.298	0.043	0.384
C06	大豆秸秆	1.633	0.170	1.056	0.577	0.063	0.368
C07	油菜秸秆	0.816	0.140	1.857	0.266	0.039	0.607
C08	花生秸秆	1.658	0.149	0.990	0.572	0.056	0.357
C12	马铃薯藤	2.403	0.247	3.581	0.310	0.032	0.461
C13	甘薯藤	2.131	0.256	2.750	0.350	0.045	0.484
C14	烟草秆	1.295	0.151	1.656	0.368	0.038	0.453
C27	胡豆秆	2.215	0.204	1.466	0.482	0.051	0.303
C29	甘蔗茎叶	1.001	0.128	1.005	0.359	0.046	0.374
D	绿肥类	2.417	0.274	2.083	0.524	0.057	0.434
D01	紫云英	3.085	0.301	2.065	0.391	0.042	0.269
D02	苕子	3.047	0.289	2.141	0.632	0.061	0.438
D05	草木樨	1.375	0.144	1.134	0.260	0.036	0.440
D06	豌豆	2.470	0.241	1.719	0.614	0.059	0.428
D07	箭筈豌豆	1.846	0.187	1.285	0.652	0.070	0.478
D08	蚕豆	2.392	0.270	1.419	0.473	0.048	0.305
D09	萝卜菜	2.233	0.347	2.463	0.366	0.055	0.414
D17	紫穗槐	2.706	0.269	1.271	0.903	0.090	0.457
D18	三叶草	2.836	0.293	2.544	0.643	0.059	0.589
D22	满江红	2.901	0.359	2.287	0.233	0.029	0.175

（续）

代码	名称	风干基			鲜基		
		N（%）	P（%）	K（%）	N（%）	P（%）	K（%）
D23	水花生	2.505	0.289	5.010	0.342	0.041	0.713
D25	水葫芦	2.301	0.430	3.862	0.214	0.037	0.365
D26	紫茎泽兰	1.541	0.248	2.316	0.390	0.063	0.581
D32	黄荆	2.558	0.301	1.686	0.878	0.099	0.576
D49	茅草	0.749	0.109	0.755	0.385	0.054	0.381
D52	松毛	0.924	0.094	0.448	0.407	0.042	0.195
E	杂肥类	0.761	0.540	3.737	0.253	0.433	2.427
E02	泥肥	0.239	0.247	1.620	0.183	0.102	1.530
E03	肥土	0.555	0.142	1.433	0.207	0.099	0.836
F	饼肥	4.280	0.519	0.828	2.946	0.459	0.677
F01	豆饼	6.684	0.440	1.186	4.838	0.521	1.338
F02	菜子饼	5.250	0.799	1.042	5.195	0.853	1.116
F03	花生饼	6.915	0.547	0.962	4.123	0.367	0.801
F05	芝麻饼	5.079	0.731	0.564	4.969	1.043	0.778
F06	茶子饼	2.926	0.488	1.216	1.225	0.200	0.845
F09	棉子饼	4.293	0.541	0.760	5.514	0.967	1.243
F18	酒渣	2.867	0.330	0.350	0.714	0.090	0.104
F32	木薯渣	0.475	0.054	0.247	0.106	0.011	0.051
G	海肥类	2.513	0.579	1.528	1.178	0.332	0.399
H	农用废渣液	0.882	0.348	1.135	0.317	0.173	0.788
H01	城市垃圾	0.319	0.175	1.344	0.275	0.117	1.072
I	腐殖酸类	0.956	0.231	1.104	0.438	0.105	0.609
I01	褐煤	0.876	0.138	0.950	0.366	0.040	0.514
J	沼气发酵肥	6.231	1.167	4.455	0.283	0.113	0.136
J01	沼渣	12.924	1.828	9.886	0.109	0.019	0.088
J02	沼液	1.866	0.755	0.835	0.499	0.216	0.203

注：据全国有机肥品质调查汇总得出，供计算有机肥养分折纯量时参考。

附录三　常规肥料可否混合一览表

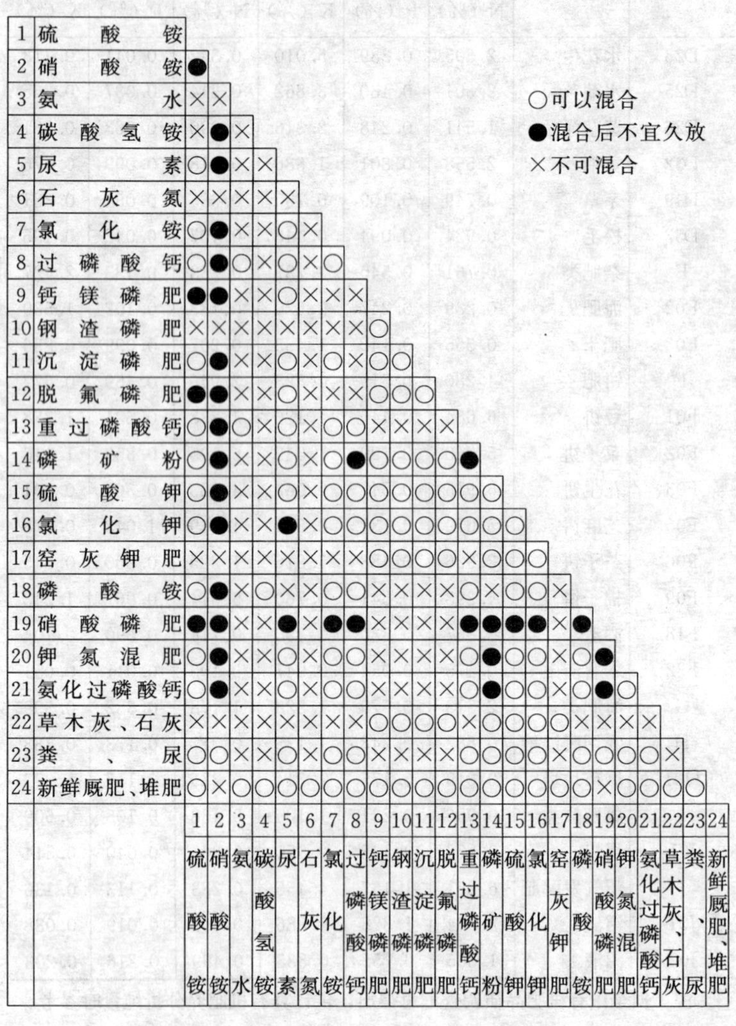

○可以混合
●混合后不宜久放
×不可混合

序号	肥料	1 硫酸铵	2 硝酸铵	3 氨水	4 碳酸氢铵	5 尿素	6 石灰氮	7 氯化铵	8 过磷酸钙	9 钙镁磷肥	10 钢渣磷肥	11 沉淀磷肥	12 脱氟磷肥	13 重过磷酸钙	14 磷矿粉	15 硫酸钾	16 氯化钾	17 窑灰钾肥	18 磷酸铵	19 硝酸磷肥	20 钾氮混肥	21 氨化过磷酸钙	22 草木灰、石灰	23 粪、尿	24 新鲜厩肥、堆肥
1	硫酸铵																								
2	硝酸铵	●																							
3	氨水	×	×																						
4	碳酸氢铵	×	●	×																					
5	尿素	○	●	×	×																				
6	石灰氮	×	×	×	×	×																			
7	氯化铵	○	●	×	×	○	×																		
8	过磷酸钙	○	●	○	×	○	×	○																	
9	钙镁磷肥	●	●	×	×	○	×	×	×																
10	钢渣磷肥	×	×	×	×	×	×	×	×	○															
11	沉淀磷肥	○	●	×	×	○	×	○	×	○	○														
12	脱氟磷肥	●	●	×	×	○	×	×	×	○	○	○													
13	重过磷酸钙	○	●	○	×	○	×	○	○	×	×	×	×												
14	磷矿粉	○	●	×	×	○	×	○	●	○	○	○	○	●											
15	硫酸钾	○	●	×	×	○	×	○	○	○	○	○	○	○	○										
16	氯化钾	○	●	×	×	●	×	○	○	○	○	○	○	○	○	○									
17	窑灰钾肥	×	×	×	×	×	×	×	×	○	○	○	○	×	○	○	○								
18	磷酸铵	○	●	×	○	×	×	○	○	×	×	×	×	○	×	○	○	×							
19	硝酸磷肥	●	●	×	×	●	×	●	●	×	×	×	×	●	●	●	●	×	●						
20	钾氮混肥	○	●	×	×	○	×	○	○	×	×	×	×	○	●	○	○	×	○	●					
21	氨化过磷酸钙	○	●	×	×	○	×	○	○	×	×	×	×	○	●	○	○	×	○	●	○				
22	草木灰、石灰	×	×	×	×	×	×	×	×	○	○	○	○	×	○	○	○	○	×	×	×	×			
23	粪、尿	○	○	×	×	○	×	○	○	×	×	×	×	○	○	○	○	×	○	○	○	○	×		
24	新鲜厩肥、堆肥	○	×	○	○	○	○	○	○	○	○	○	○	○	○	○	○	○	○	×	○	○	○	○	

附录四　主要作物养分含量

作物名称	果实			茎叶		
	N (%)	P (%)	K (%)	N (%)	P (%)	K (%)
水稻	1.212	0.300	0.370	0.773	0.130	1.804
玉米	1.465	0.317	0.528	0.748	0.412	1.266
小麦	2.160	0.370	0.425	0.565	0.067	1.280
棉花	3.920	0.628	0.921	1.167	0.245	1.731
油菜	3.966	0.679	1.236	0.782	0.149	1.506
大豆	6.272	0.636	1.713	1.289	0.173	1.287
花生	4.182	0.305	0.723	1.343	0.127	0.841
豌豆	4.377	0.410	1.100	1.400	0.153	0.415
大麦	2.016	0.287	0.838	0.479	0.103	1.099
高粱	1.326	0.385	0.397	0.436	0.170	1.206
谷子	1.456	0.267	0.592	0.595	0.068	1.718
荞麦	1.100	0.180	0.230	0.850	0.310	1.810
蚕豆	3.959	0.534	1.100	4.160	0.100	1.102
红豆	5.850	1.450	2.500	1.195	0.810	0.495
甘薯	0.671	0.264	0.596	1.453	0.296	1.333
马铃薯	1.167	0.181	1.259	0.987	0.086	0.668
芝麻	3.028	0.668	0.502	0.386	0.107	2.107
烤烟	2.634	0.184	1.849	1.626	0.286	2.714
甘蔗	0.221	0.048	0.295	0.061	0.081	0.470

注：据多点多年土壤监测资料汇总得出，供计算作物吸收量时参考。

附录五 主要作物单位产量养分吸收量

作物	收获物	形成100千克经济产量所吸收的养分量（千克）		
		氮（N）	五氧化二磷（P_2O_5）	氧化钾（K_2O）
水稻	籽粒	2.25	1.10	2.70
冬小麦	籽粒	3.00	1.25	2.50
春小麦	籽粒	3.00	1.00	2.50
大麦	籽粒	2.70	0.90	2.20
玉米	籽粒	2.57	0.86	2.14
谷子	籽粒	2.50	1.25	1.75
高粱	籽粒	2.60	1.30	1.30
甘薯	鲜块根	0.35	0.18	0.55
马铃薯	鲜块根	0.50	0.20	1.06
大豆	豆粒	7.20	1.80	4.00
豌豆	豆粒	3.09	0.86	2.86
花生	荚果	6.80	1.30	3.80
棉花	籽棉	5.00	1.80	4.00
油菜	菜子	5.80	2.50	4.30
芝麻	籽粒	8.23	2.07	4.41
烟草	鲜叶	4.10	0.70	1.10
大麻	纤维	8.00	2.30	5.00
甜菜	块根	0.40	0.15	0.60
甘蔗	茎	0.19	0.07	0.30
黄瓜	果实	0.40	0.35	0.55
架芸豆	果实	0.81	0.23	0.68
茄子	果实	0.30	0.10	0.40

（续）

作物	收获物	形成100千克经济产量所吸收的养分量（千克）		
		氮（N）	五氧化二磷（P_2O_5）	氧化钾（K_2O）
番茄	果实	0.45	0.50	0.50
胡萝卜	块根	0.31	0.10	0.50
萝卜	块根	0.60	0.31	0.50
卷心菜	叶球	0.41	0.05	0.38
洋葱	葱头	0.27	0.12	0.23
芹菜	全株	0.16	0.08	0.42
菠菜	全株	0.36	0.18	0.52
大葱	全株	0.30	0.12	0.40
柑橘(温州蜜橘)	果实	0.60	0.11	0.40
苹果（国光）	果实	0.30	0.08	0.32
梨（20世纪）	果实	0.47	0.23	0.48
柿（富有）	果实	0.59	0.14	0.54
葡萄（玫瑰露）	果实	0.60	0.30	0.72
桃（白凤）	果实	0.48	0.20	0.76

注：①一般大田作物包括相应的茎、叶等营养器官的养分数量。

②块根、块茎、果实均为鲜重，籽实为风干重。

③大豆、花生等豆科作物主要借助根瘤菌固定空气中的氮素，从土壤中吸收的氮素仅占1/3左右。

（资料来源：北京农业大学，《肥料手册》）

附录六　真假肥料鉴别方法

各种化学肥料都具有特殊的外部形态、物理和化学性质。根据外表观察、水溶性、加碱的变化和遇火燃烧的情况来初步判断肥料的类型。但要知道养分的含量是否符合产品的标准量，必须抽样检测。

1. 直观法 主要是看肥料产品的包装、颜色、气味等。①包装：根据 GB18382—2001《肥料标识 内容和要求》，产品的包装标识上有中文标明的肥料名称及商标；肥料规格、等级和净含量；养分含量；其他添加物含量；生产许可证编号和肥料登记证号；产品执行标准；生产者的厂名和厂址、电话号码；警示说明等。同时在产品包装袋内应附有产品使用说明书，限期使用的产品应标明生产日期、安全使用期和失效期。②颜色：所有氮肥几乎都呈白色，有些略带褐色或浅蓝色。钾肥白色（如盐湖钾肥），也有红色（加拿大钾肥）。磷酸二氢钾呈白色。钙镁磷肥为灰色粉状；过磷酸钙为灰色，并有多孔结块。③气味：碳酸氢铵有强烈氨味，硫酸铵略有酸味，过磷酸钙有酸味。

2. 水溶法 可根据化肥在水中的溶解情况区别肥料品种。取化肥样品一小勺，放在烧杯或白瓷碗内，加 3～5 倍清水，充分搅动后稍停，观察溶解情况：全部溶解，多为硫酸铵、氯化铵、硝酸钾、尿素、碳酸氢铵、磷酸铵、硝酸钾、氯化钾、硫酸钾等。部分溶解、部分沉于容器底部的为过磷酸钙、重过磷酸钙、硝酸铵钙等。不溶解而沉于容器底部的为钙镁磷肥、钢渣磷肥、磷矿粉等。

3. 化学反应法 取少许化肥样品与纯碱、石灰或草木灰等碱性物质混合，用棒搅拌，如能闻到氨味，则为铵态氮肥或铵态氮的复混肥。

4. 灼烧法 把化肥样品加热或燃烧，从火焰颜色、熔融情况、烟味、残留物等情况识别肥料品种。取少许化肥放在薄铁片或小刀上或直接放在烧红的木炭上，观察上述现象：直接分解，发生大量白烟，有强烈的氨味，无残留物为碳酸氨铵；直接分解或升华发生大量白烟，有强烈的氨味和盐酸味，无残留物为氯化铵；加热能迅速溶化、冒白烟、投入炭火中能燃烧或取一玻璃片接触白烟时，能见到玻璃片上附有一白色结晶物为尿素。不燃烧但逐渐溶化并出现沸腾状，冒出有氨味的烟为硝酸铵。熔化并燃烧，发生亮光，残留白色的石灰为硝酸钙。过磷酸钙、钙镁磷肥、磷矿粉在红木炭上无变化。硫酸钾、氯化钾在红木炭上无变化，但发出噼啪声。复混肥料因生产原料不同，差异较大。以上介绍的方法可以从表面上进行真假的识别。

主要参考文献

高祥照，马常宝，杜森 . 2005. 测土配方施肥技术［M］. 北京：中国农业出版社 .

凌启鸿，等 . 1994. 稻作新理论——水稻叶龄模式［M］. 北京：科学出版社 .

凌启鸿 . 2000. 作物群体质量［M］. 上海：上海科学技术出版社 .

凌启鸿，等 . 2005. 水稻丰产高效技术及理论［M］. 北京：中国农业出版社 .

凌启鸿，等 . 2006. 水稻精确栽培理论与技术［M］. 北京：中国农业出版社 .

马国瑞，石伟勇 . 2002. 农作物营养失调症原色图谱［M］. 北京：中国农业出版社 .

肖焱波 . 2010. 作物营养诊断与合理施肥［M］. 北京：中国农业出版社 .

奚振邦 . 2003. 现代化学肥料学［M］. 北京：中国农业出版社 .

水稻缺氮

水稻缺磷

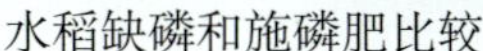

水稻缺磷和施磷肥比较

水稻缺钾

水稻缺钙（左：正常；右：缺钙）

水稻缺铜

水稻缺镁

水稻缺锌